U0050716

駕馭強積金自由行

林冠良　著

目錄

第二章 /
積穀要有技巧

第三章 /
形勢要懂掌握

第四章 /

養老可以選擇

第五章 /

智醒都係自己

推薦序一

吳秋北
工聯會會長、港區全國人大代表

強積金在2000年12月1日實施後，至今超過23年，但公眾對強積金的認識仍不足，特別是如何管理強積金，以及一些基本原理。本書作者林冠良，是工聯會屬會香港文職及專業人員總會會長。他既是資深的工會工作者，也是特許財富管理師，亦是《信報》的有關強積金方面的專欄作家。我也經常研讀林會長的文章，補充強積金和理財方面的知識。林會長能從「打工仔」的角度，剖析如何透過強積金和改善財務管理，及早達到財務自由，準備好自己想過的退休生活。

我作為工會工作者，也長期關注強積金、勞工退休權益和人口老化相關的問題。本書首兩章主要探討強積金的一些基本概念和最新形勢，特別探討2025年取消強積金和長期服務金/遣散費「對沖」機制後，強積金「全自由行」。取消強積金「對沖」機制，一直是我們工聯會所爭取的，我們希望愈快愈好，以減少僱員的強積金流失。強積金「全自由行」，最大好處是鼓勵更多的競爭。我們期望「全自由行」實施後，強積金管理費用能有所減低，並為打工仔提供更多投資選擇。書中對強積金概念簡單而詳實的解釋，是每個打工仔都必須認識，以了解自己應有的權益，避開陷阱和誤區。

書中協助讀者解構退休概念，探討世界各地的不同退休方式，過有尊嚴的退休生活。例如什麼退休養老城市應具備什麼特色和條件，有什麼退休選擇，到大灣區內地城市退休的話要如何安排。書中也探討了一些時代趨勢，比如自由工作者的退休保障、AI發展對退休的影響、百年變局對職業生涯規劃的啟示。本書既結集了豐富的個人理財知識和資訊，也整合了作者對宏觀大勢的精闢見解，絕對值得推介，也值得讀者一再思考，做好自己的退休規劃，同時增進對世界局勢的認識和把握。

本書的最後一章是「智醒係自己」，探討一些退休心態和態度上的問題。或許很多人都能掌握一些理財、強積金和退休知識。知識重要，但心態更重要。如何調整自己退休心態，準備退休，管理好退休後的財務，也非常重要。人生總有不確定性，不論是25歲還是65歲，都要好好規劃自己，把握未來，才能活出幸福和意義。

我誠意向大家推薦本書，也榮幸能獲邀為本書寫序。但願每位讀者都能獲得幸福自在，享受美好生活，實現自己的理想和退休目標！

推薦序二

汪敦敬
祥益地產總裁

隨着香港人口老化，退休理財便成為市民急需要掌握的實用財技，即是以安穩退休為先決目標的投資組合，利用儲蓄和投資的回報，令自己和親人在晚年能夠過更安穩的生活，已是現在社會十分需要的軟實力！

林冠良先生是我出任公職上的好友，我們都有共同的價值觀念，在公職上大家都是共同面對社會上一些需要改善的問題。我十分推薦大家看《智醒退休．駕馭強積金自由行》，書裏除了介紹強積金及退休必須知道的知識，亦教授了投資方法，更加有不同的投資方案讓讀者去選擇，當然和投資其他理財產品一樣，除了方法和知識之外，最重要的就是心法，即是説投資者的態度和世界觀，而作者提出了勤、忍、毅三個投資心法，為快、狠、準的心法技巧作補充。此外，投資有長期、中期或短期，房產物業和基金一般屬長期投資，需視乎投資者的目標和心態。另外，置業亦是退休計劃的一部分，除了解決退休後住的問題，買樓收租更可以產生正現金流以實現資產的多元化，以降低風險並實現更好的回報。

我和林兄同樣都認為香港是正迎接東升西降的趨勢，政治影響力和世界經濟發展動力由傳統的西方國家轉向東方發展中國家，人民幣亦在國際交易中的地位提升。我們都同意要了解怎樣靠近祖國去配合自己的投資組合，國家發展的策略和香港在發展大局中的定位都是互相配合，投資可以從發展中獲得正面回報和收益。更加重要的是怎麼配合去發揮我輩有的獅子山精神，保持刻苦耐勞的拚勁以增加競爭力，實在地拚搏計劃好將來，尤其是新一代年輕人的躺平心態對投資和理財機會不利，競爭力相對減弱下，容易面臨其他上進的城市的衝擊和挑戰。

我認為本書給予讀者很好的思想空間，我相信對各位大有裨益。

推薦序三

陳卓禧教授
香港專業進修學校校長

承蒙冠良兄邀請，為其新作《智醒退休 · 駕馭強積金自由行》寫一些東西，筆者不假思索，一口應承。這個爽快，除了對冠良兄作品有充分信心之外，更為了先睹為快其大作。老實說，這中間也帶有點私心，因為筆者正是本書的目標讀者群，我想從書本中增長知識和智慧，提升退休保障，甚至在某些投資部署上早着先機。

作者是一位專業人士，具有特許公司秘書、特許財富管理師資格，長期為財經專業報刊《信報》供稿，文章以百計，又是香港文職與專業人員總會會長。本書累積了他多年的觀察和心得，內容豐富全面，也十分到位，切中讀者心中疑問，也指出了不少市民的誤區和盲點，如果想了解強積金制度，進一步用好其特點的話，這本可說是必讀之書。

書稿到手，我瀏覽了幾頁之後，就有一種要盡快把它讀完的衝動。很多上班打工族都有一種追求，希望盡快獲得財務自由，然後就可以得到解脱，選擇過想過的生活，從營營役役的工作中釋放出來。本書提倡主動退休，因此要早作準備，學懂掌握形勢和投資技巧，為自己建立生活保底的資金基礎，創造持久收入來源，令退休生活至少獲得免於憂慮的自由。

差不多每個在職人士都避不開強積金，作者對強積金的制度、規定和優劣之處有透徹深度了解，鼓勵讀者以積極態度去看待，順應其管理逐步開放競爭、給予供款人更多選擇自由的空間，制定長、短期投資目標，使這筆錢結出更豐碩的成果。本書除了為讀者提供建議外，也對相關政策有獨到而準確的點評，值得政策制定者參考。

講財務和投資，常會令人感到沉悶，但本書以輕鬆手法，引用電影情節、名人名言、生活經歷等，令人讀起來感到親切和愉快。作者發揮其專業知識，為讀者提供大量的貼士、要訣、心法，非常實用，所以這是一本貼近地氣的專業作品，非常難得，值得推薦。

自序

林冠良

強積金全自由行即將實施，這是一個好的契機給打工仔去檢視自己的退休計劃，而大眾對退休可能不願去想、懶得去想或者是只有被動供強積金，因而忽略了退休生活的其他環節，甚至不知如何開始去計劃，這樣可能會錯過了及早準備的最佳時機，令退休生活不理想。

本書集合了筆者的一些有關退休和理財的文章，主題圍繞着主動和及早準備退休，順應形勢掌握投資技巧，達到財務自由並選擇自己想過的退休生活。要做到這幾點就需要有足夠的知識和心態的裝備。

本書共分五章，第一章「強積金要靠管」是順應2025年強積金全自由行的實施的契機，了解強積金作為退休其中一條支柱的性質、特點、一些投資原理、退休計劃的重要性，並開始計劃好好管理自己的強積金。

中國自古有積穀防饑的文化，例如在春夏秋冬四季各有時令的任務，然而要如何組合運用債券、現金、年金、物業等作為投資組合，就是第二章「積穀要有技巧」想帶出的內容。

本書的第三部分介紹一些影響投資的宏觀因素，世界不斷在變，科技與勞動關係、社會文化等等都會對投資環境產生動力或阻力。渺小的我們在浩浩蕩蕩的潮流中順勢而為，藉着「形勢要懂掌握」，好彩的乘上一趟順風車，獲些少發展紅利，就憑個人的眼光和實力更上層樓。

退休不一定是被迫退下來，也不一定是要休閒過日子，而是一種選擇，當然每個人的條件和目標不同，在什麼年齡、什麼地方、用什麼心態如何過退休生活也因人而異，在第四章「養老可以選擇」中，把一些如何選擇的技巧與讀者分享。最終能夠如何實現未必可以完全掌控，但是用什麼心態去迎接退休生活也是一種選擇。

最後一章是「智醒係自己」，通過前幾章認識退休的選擇和環境趨勢，之後就可以計劃和選擇什麼樣的退休生活，知識和技巧是其次，最重要的是要對自己坦白真誠，這一點好像有些理所當然的造作，正如誰不懂減肥的道理是均衡營養少吃多運動，誰不知要達到儲蓄目標就要開源節流，但是只有對自己真誠坦白，找到自己重視的價值觀，有決心、有恒心對財務自由和退休計劃持續執行並定期檢討，就會達到理想目標 。這一章中有兩篇文章想讀者親身嘗試，就是〈寫封信給65歲的自己〉和〈回一封信給25歲的自己〉，希望讀者有所領悟地過自己幸福的退休生活。

退休計劃有親人支持是完善的安排，退休日子有親人陪伴是完整的人生。我們控制不了明天會發生什麼事，至少我們擁有今天，願各位朋友珍惜人生所遇到的人。

謹以此書獻給人生最愛、最重要的人，感謝你的支持、愛護和理解。在生活的旅途中，遭遇了許多挑戰和困難，也經歷了許多美好快樂的時刻，願繼續共同度過往後日子。

財務報表
MPF

第一章／強積金要靠管

2025年將迎來強積金全自由行，打工仔會有更大的自由度調撥供款及累積權益，讀者應乘此契機，了解強積金的性質、特點及投資原理，愈早好好地管理自己的強積金，愈能爭取更佳的回報。

1.1 迎接全自由行

政府已宣布將於2025年5月1日實施取消「對沖」安排，即是僱主不可使用其強積金強制性供款累算權益「對沖」僱員的遣散費/長服金。這安排也促成了積金局推出積金易平台計劃，同年為香港的強積金參與者提供了更多便利和靈活性的服務。然而自由大了，各成員去決定和管理自己的強積金賬戶的責任也大了，以下討論在迎接全自由行之際，強積金成員可能會有什麼好處和要注意什麼潛在問題。

根據現時已公布的資料，積金易平台將會提供一站式的電子平台服務，讓計劃成員隨時隨地透過網上和手機應用程式，管理其在不同計劃內的強積金賬戶，主要功能包括：

線上提交轉移申請、追蹤轉移的進度和申請的處理狀態、隨時查看其強積金賬戶的最新結餘、個別投資基金的價值以及最近的交易記錄、成員可以根據自己的投資目標和風險承受能力，進行投資組合的調整和管理、更新其個人資料和聯絡方式和提供了有關強積金制度、退休儲蓄計劃的相關資訊和教育工具。

官方版本説得非常理想，這裏想提供一些意見給讀者對強積金全自由行和積金易有較全面的思考。

當全自由行政策實施後，對成員可以有以下的好處：

根據自己的需求和偏好選擇在投資選項、費用、客戶服務等方面符合自己期望的強積金受託人（供應商），不再受僱主指定的限制。

供款人可因應供應商的服務、優惠和表現，選擇將現有的強積金資金轉移到新的供應商。遷移程序相對簡單。然而，參與者需要注意可能涉及的行政費用和贖回基金的價格會否因市場波動影響價值。

不同的供應商可能提供不同的投資選項，包括不同類型的股票基金、債券基金和貨幣基金等。成員可以根據自己的風險承受能力、投資偏好和目標，選擇最適合自己的投資組合。

由於積金易平台統一了系統，和全自由行令成員可選擇供應商，造成市場競爭增加，不同供應商將競相提供更好的產品和服務，這可能包括降低管理費用、提供更多的投資選擇和改善客戶支援等，以吸引和保留成員。

全自由行也存在一些風險和挑戰，包括以下幾個方面：

選擇困難：現在已有二十多家供應商提供超過400項基金，由於供應商可能再增加基金或服務組合，成員可能面臨選擇困難。他們需要評估不同供應商的投資選項、回報表現、費用結構、服務質量等因素，這需要一定的理財知識和經驗。對於缺乏相關知識、經驗和時間的供款人來說，這可能增加了挑戰。

信息不對稱：在供應商之間和供應商與供款人存在信息不對稱的風險。供應商可能通過宣傳和市場推廣來吸引參與者和隱藏弱點，令參與者難以獲取全面的信息，這可能導致參與者受到偏頗宣傳的影響和在不完全了解下做出誤判的選擇。

趨勢風險：強積金是一種長期投資計劃，以平均成本法去累積投資供款和減低市場波動對累積權益的影響，然而有了全自由行的方便，供款人可能受市場短期波動誘惑去轉換基金甚至是供應商，而面對錯誤捕捉趨勢的風險。

持續監察：供款人決定了某供應商和基金之後也不是一勞永逸，還要看供應商的表現、市場走勢和退休年齡的接近而檢討是否需要轉換基金去保障收益。

雖然強積金自由行增加了成員的選擇權，但成員對管理自己的退休計劃的責任加大。他們應該定期檢討和評估選擇的供應商，確保其投資組合符合自己的情況、目標和風險承受能力。在加強個人理財知識外有需要時還可以諮詢持牌中介人或理財規劃師，盡量利用強積金自由行帶來的好處。

強積金自由行前世今生

很喜歡《一生所愛》這首歌，當中有句歌詞是「從前現在過去了再不來」，似乎是很直白的事實但偏偏就很多人對自己過去了的投資決定放不下，又對自己的將來，特別是退休計不願趁現在處理，機會過去就再不來，當然香港打工仔都已經每月有強積金供款，但強積金在過去給大眾的印象也是較為負面和要去管也欠缺靈活性，然而在不久將來就可以自己決定選擇受託人，實現全自由行。不過自由也不是沒有約束，要了解將來的自由行的由來歷史和在知識上裝備好自己，才能更好享受這自由。

強積金的前世今生要從上世紀八十年代説起，社會上提出香港全民退休保障制度的討論，目的是應對人口老化、降低政府在退休福利上的負擔，和鼓勵個人負責自己的退休計劃，經過多方博弈和妥協，直至1995年《強制性公積金計劃條例》通過，到2000年12月實施，當中經歷過不少本地和世界事件，在2025年將會進入強積金「全自由行」的新里程，前事不忘後事之師，在參考過去一些大事對了解強積金和個人的退休計劃有一定的幫助。

退休福利吸引人才

在未有強積金前，香港一些大企業為了吸引和保留員工已設有不同形式的公積金或退休福利，當中有些非常優厚，例如員工不用供款，僱主每月供款為僱員薪金的10至15%並在離職時可按年資比例取得這公積金款項。而香港政府公務員則有長俸制度，在退休時按月領取退休金至離世。到了實施強積金制度，全港僱主必須加入強積金計劃或維持政府認可職業退休計劃（即ORSO）。

經歷疫情和金融海嘯

強積金在2000年12月實施，之前經歷1997年亞洲金融風暴，在元氣未完全恢復時又遇到科網股爆破、美國 911事件及 2003年的非典沙士，這些事件對香港的經濟和股市都造成衝擊，對強積金的表現也有影響；加上推出最初期爭議不絕，主要是回報低和受託人的收費過高，當時已有投資界名人具體指出若供款人透過強積金投資追蹤恒生指數的基金，其收費為資產的0.8%，但個人若選擇自行投資在盈富基金（02800），須支付的費用僅為0.09%，更估計強積金資產所產生的三分之一回報已進了基金經理的口袋。

政府推算過於樂觀

在2011年時任財經局局長在立法會上推算月入一萬元的打工仔累積20年後可獲78萬元，但到了2020年有議員指出據積金局公布的累算權益統計，這些僱員在過去19年不間斷供款，平均只可累積約42萬元，比政府推算的預期只有一半，質疑強積金的成效被高估。

積金局和受託人在壓力下有所回應，在2007年推出比較強積金基金收費的平台。資料顯示在2007年至2014年期間，以「基金開支比率」反映的強積金費用及收費，由2.1%下降至1.69%，較大的改變是2012年實施俗稱「強積金半自由行」的僱員自選安排，自2012年11月實施至2023年1月，轉移的強積金累計達4200億元，平均每年約8.4萬宗轉移個案。其中，有些轉移個案取得了不錯的回報。

取消對沖成就全自由行

強積金最大的轉變應算是2022年通過了取消強積金對沖遣散費長期服務金的法例，令到打工仔可以「自己戶口自己管」調動自己及僱主的累計權益，實現全自由行。而積金局也加速建構「積金易平台」令僱員和僱主可以網上處理強積金大部份功能。這平台預計在2025年落成，配合全自由行的實施，到時就是強積金自成立以來最重要的里程碑。

《一生所愛》這首歌是周星馳電影《大話西遊》插曲，該電影其中一幕是主角至尊寶經歷前世今生的情愛得失後終於大徹大悟，自願地戴上唯一能約束他的緊箍咒，變回法力無邊所向披靡的齊天大聖。人要經歷過才會領悟、強積金制度要經歷過才會進步，強積金一開局遇上不少外來環境的衝擊或內部的缺失不足，被戲謔為「強迫金」，也因回報低、收費高而被公眾定了型，在2025趁着全自由行的實施和積金易平台的推行，希望能一改市民大眾對強積金的期望和印象，而打工仔也可趁這機會自己管好自己的退休計劃。

強積金重要里程碑：

1994年	香港政府成立了退休金制度改革委員會研究和建議改革方案。
1995年	退休金制度改革委員會提出了引入強制性退休金制度的建議。
1997年	香港回歸，7月初恒指達到接近15000點歷史高點，但金融危機爆發，急劇下跌至約7000點左右。
2000年12月1日	強積金制度正式實施。
2003年	供款的最低有關入息水平由每月4000港元提高至每月5000港元。
2003年	非典型肺炎爆發。
2004年	發出《強積金投資基金披露守則》，以改善強積金基金收費及表現的資料披露。
2005年	世界銀行倡議的多支柱退休保障制度。
2007年	推出收費比較平台，有助比較強積金基金收費。
2011年	供款的最低有關入息水平由5000港元修訂為6500港元。
2012年	推出受託人服務比較平台，提供不同強積金計劃的服務資料。
2012年	實施僱員自選安排（強積金半自由行）。
2013年	供款的最低有關入息水平由每月6500港元修訂為每月7100港元。
2015年	提高了強積金的供款上限和新增罹患末期疾病為提早提取強積金的理由。
2017年	推出俗稱懶人基金的「預設投資策略」。

2020年	受到COVID-19疫情打擊，強積金計劃的淨資產值減少至8677.811億港元。
2020年	政府推出可扣稅自願性供款制度，鼓勵計劃成員進行自願性供款以增加退休儲備。
2021年	強積金總資產達到11208.68億港元的歷史新高。
2021年	3月積金易平台有限公司成立。
2022年	通過《2022年僱傭及退休計劃法例（抵銷安排）（修訂）條例》，取消強積金對沖2025年實施。
2023年	13個強積金受託人及旗下27個計劃按序過渡至平台。 預計2024年第二季起，展開強積金賬戶資料轉移上平台的程序。 預計2025年內完成轉移所有強積金計劃的賬戶到平台。

立法會於2022年6月9日三讀通過取消「強積金對沖」機制，並會於2025年5月1日實施。

全自由行的四大陷阱

強積金全自由行將在2025年實施，到時透過積金易平台供款人可以自己管理和調配強積金累計權益，看來是件好事，官方也說了不少積金易的效益，但凡事都有兩面，當中也隱藏一些危機，雖然現在對全自由行的操作細節和具體的程序步驟、成本收費暫時未有詳細資料，從一些投資心理和市場反應的經驗來看，可以預期一些問題，供款人應該要小心避開以下4個陷阱。

羊群效應亂投資

大家留意一下新聞或身邊，由街頭的商品擺賣、股市投資、甚至是買樓置業，都有機會出現羊群效應，即是受到群體行為的影響，跟隨大多數人的投資決策。當實施全自由行後，個人可以自己決定選擇投資的基金，但是不是每一個供款人都會有時間或有能力做足功課，他們可能會跟隨傳媒或坊間輿論的意見而選擇，這些意見可能是一時興起的潮流，多人熱議下的你吹我捧，未必適合個人需要或長遠投資之用。

勿貪優惠因小失大

自由行讓供款人可以自由轉換供應商，各個供應商必然會透過各種優惠和推廣活動搶客，吸引供款人轉換受託人，俗稱「轉會」，例如在幾年前實施「半自由行」時就有供應商以基金單位回贈和其他優惠誘新客「轉會」。供款人不要為了優惠而頻密轉換受託人供應商，因為轉換需要手續費、基金買賣有差價、各種行政費用及要特別小心的是取得優惠的限制條件等等，若想換供應商，就要細心衡量供應商的服務質素、收費、信譽、基金種類和表現等等。

高買低賣短視症候群

投資者可能會太過着眼於市場或基金單位價格因短期波動而上落，而忽略強積金是長期價值的實現，這種心理現象可以稱為短視症候群。強積金是退休計劃，是動輒三、四十年的長期投資，透過平均成本法抵銷短期市場波動影響，但投資者總會被市場的升跌，特別是大升大跌的氣氛影響決定，所以在股票市場常出現投資者跟風高位買入，又抵不住跌市惶恐壓力在低位賣出的情況，強積金供款人應該引以為鑑。

過度交易 Vs 愛理不理

股票市場會有一些投資者傾向於過度交易，即過於頻繁地買進和賣出投資。這種行為可能導致高交易成本和無法實現長期投資目標。過度交易往往是由於情緒波動或短期市場波動的壓力所引起的。強積金是長期投資，不適宜經常轉換基金或透過強積金捕捉市場波幅。

強積金實施全自由行會否情況不同，可參考俗稱「半自由行」的強積金「僱員自選安排」，於2012年實施後，僱員可每年一次，選擇將供款賬戶內僱員部分的強積金權益轉移至自選的強積金受託人及計劃，規則是毋須經僱主安排、一年只可轉換一次及必須全數一筆過轉移。在2025年推行的全自由行由於未有細節，供款人每年更換次數是否還有一年一次的限制，和是否必須全部轉移，大家要留意如何在不影響自由程度下又同時可以保障供款人。

根據推行半自由行的經驗，由於每年只可以轉一次，供款人頻繁轉換供應商未見出現，反而有較多供款人不去處理強積金賬戶，所以由2017年開始設立俗稱「懶人基金」的預設投資策略，隨供款人接近退休年齡而自動轉往較低風險的基金，雖然官方強調這「懶人基金」的好處，但自己的錢都是自己積極的管理好些，特別是在2025年全自由行之後選項多了，「懶人基金」未必是最有利的選擇，所以供款人不應過度交易同時也不應對自己的權益愛理不理。

1.3

唔理強積金遲早蝕鑊金？

問一下身邊的朋友，大多都會認為強積金回報低、收費貴、蝕多賺少等等，就算連一些專欄作者都可能會有同樣感覺。在2023年有作者在某免費報章發表一篇名為〈強積金蝕入肉〉的文章，內容大致是説管理費高昂、附帶各種名目的管理費、保本基金不保本兼且管理費蠶食供款並建議全面檢討強積金制度。在刊登數日後，強積金管理局隨即發文回應指該文歪曲誤導讀者，並反駁或澄清該文的大部分論點。這裏不是評論誰是誰非，而是想指出作為香港市民的退休保障支柱之一的強積金，在推出之時已先入為主，被烙印了負面觀感，過了20年的努力雖然已有進步但仍然有改進空間，當局真的要借強積金全自由行的契機去改變和宣傳，而供款人也需要用心打理強積金，否則可能真的蝕到入肉。

大眾對強積金負面觀感主要是收費貴蠶食供款和回報低蝕多賺少，不妨讓數據説話，強積金收費包括行政費、投資管理費、保管人費及受託人費，還有申請強積金時的收費和轉換基金的費用，而積金局以基金開支比率作為指標來比較不同基金的成本。

截至2023年10月基金開支比率最高的5隻基金由3.39％至2.22％，都是保證基金，這5隻基金再扣除費用後的累積回報5年期分別由 -9.88％至-0.28％，而最低開支比率的5隻都是保守基金由 0.17％ 至 0.25％，而回報則是 5.6％ 至 4.01％，雖然保證基金和保守基金的投資性質不同，不宜直接比較，但是給人直觀的印象就是開支比率越高就越蝕得多，收費貴蠶食供款之説就自然產生。

最高開支比率的10個基金

計劃	成份基金	最近期基金開支比率（%）	扣除費用後累積回報5年期（%）
萬全強制性公積金計劃	保證基金	3.39	-9.88
東亞（強積金）集成信託計劃	東亞（強積金）保證基金	2.53	-0.52
BCT強積金策略計劃	景順回報保證基金-單位類別G	2.47	-0.28
新地強積金僱主營辦計劃	宏利在職平均回報保證基金-新地	2.25	-3.35
永明強積金綜合計劃（此計劃已於2023年11月29日合併入永明彩虹強積金計劃之內）	永明強積金綜合計劃本金保證投資組合	2.22	-0.37
永明彩虹強積金計劃	永明強積金大中華股票基金-A類	2.13	0.51
永明強積金基本計劃（此計劃已於2023年11月29日合併入永明彩虹強積金計劃之內）	永明強積金基本計劃本金保證投資組合	2.12	0.12
永明強積金綜合計劃（此計劃已於2023年11月29日合併入永明彩虹強積金計劃之內）	永明強積金綜合計劃亞洲股票投資組合	2.12	3.99
永明強積金綜合計劃（此計劃已於2023年11月29日合併入永明彩虹強積金計劃之內）	永明強積金綜合計劃香港股票投資組合	2.07	-1.90
中國人壽強積金集成信託計劃	中國人壽樂安心保證基金	2.06	-9.91

最低開支比率的10個基金

計劃	成份基金	最近期基金開支比率（%）	扣除費用後累積回報5年期（%）
我的強積金計劃	我的強積金保守基金	0.17	4.01
東亞（強積金）享惠計劃	東亞強積金保守基金	0.23	5.60
恒生強積金智選計劃	強積金保守基金	0.23	5.06
滙豐強積金智選計劃	強積金保守基金	0.23	5.06
東亞（強積金）集成信託計劃	東亞（強積金）保守基金	0.25	5.23
東亞（強積金）行業計劃	東亞（行業計劃）強積金保守基金	0.26	5.54
新地強積金僱主營辦計劃	景順強積金保守基金	0.26	6.02
BCT強積金策略計劃	景順強積金保守基金-單位類別H	0.28	5.91
BCT強積金策略計劃	景順強積金保守基金-單位類別A	0.28	5.91
AMTD強積金計劃	AMTD景順強積金保守基金	0.31	3.93

資料來源：強積金管理局

據積金局的資料顯示，基金開支比率由2007年的2.1%持續下降至2024年2月的1.37%，另外在2016年通過《強積金修訂條例草案》引入俗稱「核心基金」的「預設投資策略」，而管理費的上限定為0.75%。將預設投資計劃的受託人行政開支的上限定在0.2%，並且與管理費分開規管，連同管理費的收費上限為0.95%，雖然減了但仍有下調空間。試想想，當管理的資產是1億元時，受託人收取的開支 0.95％就是95萬，當資產是100億時費用就是9500萬，但是受託人的開支成本不是按比例升100倍，因為規模效益，成本會減低（即是原先1個人做工，現在業務做大了100倍不會請100人做），其實大部分會成為利潤。所以要檢討的是如何在受託人賺取合理利潤的同時，把部分豐厚利潤回饋供款人。這也是共同富裕的理想。

回報低蝕多賺少

強積金蝕多於賺這印象，可能與揀選基金有關，要明白各種基金的風險、潛在回報與功能不同，如果是初入職場，還有三四十年才退休就應該選擇一些增值能力高的基金，例如是股票或混合資產基金，而不是貨幣基金或保證基金。供款人若果在未來幾年內退休，不想累積的供款承受股市的波動風險，就可以把全部或部分的累積供款轉移到貨幣基金或保證基金，鎖定該金額。所以供款人若不明白各項基金的特性和功能，隨時揀錯類型而令到回報減少或面對較高的成本。

另一個情況是強積金所投資的資產，特別是股票基金受市場波動影響價值，過去20年香港和世界都經歷過幾次金融動盪，市場的升升跌跌都會在強積金的回報中反映，例如2008年的金融海嘯令該年度的強積金淨回報率錄得-30%，而2020年度的回報有28%，但2021和2022年因疫情影響市場，這兩年的回報分別是-8.2%和-5.9%。由於強積金是長期投資，以平均成本法定期買入基金，按股市長遠維持升勢，就不用擔心每年所報道的回報，也不宜用強積金去捕捉市場的短期波動。

強積金回報率

期間	（百萬港元）				年率化淨內部回報率
	淨資產值		期內總淨供款	期內淨投資回報	
	期始	期末			
1.12.2000-31.3.2002	-	42,125	43,878	-1,753	-4.9%
1.4.2002-31.3.2003	42,125	59,305	23,016	-5,837	-10.7%
1.4.2003-31.3.2004	59,305	97,041	22,133	15,604	22.0%
1.4.2004-31.3.2005	97,041	124,316	22,205	5,070	4.7%
1.4.2005-31.3.2006	124,316	164,613	23,435	16,862	12.3%
1.4.2006-31.3.2007	164,613	211,199	24,684	21,901	12.4%
1.4.2007-31.3.2008	211,199	248,247	26,844	10,205	4.5%
1.4.2008-31.3.2009	248,247	217,741	38,503	-69,010	-25.9%
1.4.2009-31.3.2010	217,741	317,310	29,484	70,086	30.1%
1.4.2010-31.3.2011	317,310	378,280	31,864	29,106	8.7%
1.4.2011-31.3.2012	378,280	390,744	34,687	-22,224	-5.6%
1.4.2012-31.3.2013	390,744	455,331	38,321	26,267	6.4%
1.4.2013-31.3.2014	455,331	516,192	40,898	19,963	4.2%

期間	（百萬港元）				年率化淨內部回報率
	淨資產值		期內總淨供款	期內淨投資回報	
	期始	期末			
1.4.2014-31.3.2015	516,192	594,847	44,126	34,529	6.4%
1.4.2015-31.3.2016	594,847	292,578	48,721	-50,990	-8.2%
1.4.2016-31.3.2017	592,578	701,166	48,467	60,121	9.7%
1.4.2017-31.3.2018	701,166	856,692	47,373	108,153	14.9%
1.4.2018-31.3.2019	856,692	893,302	52,127	-15,517	-1.8%
1.4.2019-31.3.2020	893,302	867,781	53,883	-79,404	-8.6%
1.4.2020-31.3.2021	867,781	1,169,289	50,852	250,656	28.0%
1.4.2021-31.3.2022	1,169,289	1,120,868	49,339	-97,760	-8.2%
1.4.2022-31.3.2023	1,120,868	1,109,031	56,538	-68,374	-5.9%
1.4.2023-30.9.2023	1,109,031	1,087,539	24,804	-46,296	-4.1%
自強積金制度實施以來					
1.12.2000-30.9.2023	-	1,087,539	876,182	211,357	2.2%

資料來源：強積金管理局

將於2025年推出的積金易平台正進行得如火如荼，加上強積金全自由行實施，到時供款人要在20多個供應商中揀選超過400個成份基金，除了需要考慮自己的投資目標及承受風險能力外，更需要排除誤解，明白各類型基金的收費、回報，特別是功能，來選擇，而不是被一些刻板印象或傳媒的渲染而影響決定，否則真的可能會「蝕鑊金」。

1.4

勿被恐慌情緒影響長期投資

以下文章是筆者在2020年2月當新冠疫情初次爆發時對市場和市面上的一些恐慌反應的描述和判斷，相信當時誰也沒有預料到疫情會延續兩年多，市場的恐慌情緒也慢慢平復，由恐慌變成接受變成適應，但當中說到的心路歷程仍然可給大家在不同的時候參考。

2020年農曆新年最受港人以至世界關注的事，莫過於是新型冠狀病毒的疫情。因擔心病毒傳染，市面上的口罩、消毒水、漂白水被搶購一空，還有搶購食米、廁紙、罐頭食品等等情況，甚至有賊匪打劫廁紙的個案發生。史無前例的學校停課超過一個月、個別非緊急政府部門局部停工、食肆門堪羅雀，加上網上社交媒體各種對貨品供應和疫情的渲染，情景令人擔憂不安。在羊群心態和恐慌情緒下，身邊不少朋友每天的目標是搜尋各種防疫用品或排隊輪購。筆者絕非嘲笑或批評這些行為，而是有感「恐懼」（fear）與「恐慌」（panic）的威力，希望讀者認識，在做生活上或投資上的決定時有所取捨。

當別人恐懼時要貪婪

「恐懼」是正常的情緒和心理反應，人類在面對外在的危險事物或情景時，產生緊張害怕的感覺，因此逃避危險而增加存活機會。「恐慌」則是一種極度焦慮、恐懼、不安和不舒服的感覺，甚至慌亂的使人想立刻擺脱使自己不安的因素或離開處境。形成恐慌的原因很多和很複雜，不是本文想探討的範圍，但恐慌可反映在投資行為上，例如用來衡量標普500指數期權波動程度的

「恐懼」屬正常心理反應，但退休準備是長期投資，不應受短期波動影響。

VIX指數，也被市場稱之為「恐慌指數」。「股神」畢非德曾經有名言說：「當別人恐懼時，你要貪婪；當別人貪婪時，你要恐懼。」

今次的疫情已嚴重影響旅遊、零售、飲食、運輸等行業，店舖相繼結業和裁員。骨牌效應下，支援工商專業等都會受到拖累。雖然數據顯示，病毒對健康的危險不比2003年的非典型肺炎更難對付，但是對經濟民生的衝擊將會更大更深遠，慶幸股市樓市未有恐慌式的崩潰，可是疫情還不知會持續多久，所以對本地經濟的負面影響還未完全反映。

每次低迷後會出現反彈

然而也不用太過悲觀，每次衰退或低迷後都會出現反彈，甚至超過之前的股市高位。退休準備是長期投資，當中可能會經歷一兩次衰退或復甦，所以強積金供款人不用過於恐慌，雖然不用諾貝爾經濟學獎得主去證明也可領會，人們做決定時很多時候都是不理性，但是恐懼、害怕、不安和焦慮總會是有的，只要不反應過敏和時刻警惕着不被這些情緒誤導決策，所以也不用急於被短期或周期的波動而調動投資組合。

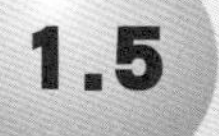

平均成本法與股市波幅

筆者的文章説到香港股市驚濤駭浪，在2022年11月中曾經一日跌超過1000點，也曾經跌穿15000點，但一周內又可以收復失地。2022年9月至11月間恒生指數的波幅在14500點至18400點之間。

在2022年10月，有強積金研究機構發表了一份名為「港股跌至13年新低，影響不容忽視」的報告，指出該年首9個月，每名強積金計劃供款人平均賬面虧損超過5.6萬元，在同年11月另一篇名為「強積金2022年累計市場賬面虧損增至逾2800億港元」，單單從標題來看，都十分嚇人。筆者並不想評論這些文章，而是希望以一些歷史數據讓強積金供款人了解，市場的波幅和平均成本投資法的關係，好讓大家不必太過擔心市場的變化。

港股過去幾十年升升跌跌

股市有上有落，但是長遠來説股市總是向上，例如看看恒生指數的走勢，在1987年由2550多點上升到1997年7月16000多點，因亞洲金融風暴，下跌到1998年7月的7000多點。後來經歷十年反覆回升至歷史高位，2007年的31000多點，又因金融海嘯下跌至2009年13000多點。之後受美國十年的量化寬鬆政策影響，全球股市上揚，把香港指數推高到2018年32000多點。由於中美貿易戰和英國脱歐令股市下挫至24000多點，後來反覆上升到2021年的28000多點。隨後的是疫情、俄羅斯與烏克蘭戰爭的持續和加息的影響下，跌至低位14000多點，再回升到18000點。

一口氣説了40年來香港股市的升升跌跌，想説明的是，總體而言指數仍是向上；但是長遠來説股票市場一定會升這個想法，只不過是一項假設，當遇到一些系統性風險，例如戰爭或摧毀成的天災橫禍，又或者是一個市場制度性崩潰，經濟發展停滯，長期處於衰退狀態，都可以推翻這個假設。當然出現這些事故的情況的概率很低，而且一個成熟市場應不會長期持續於停滯或向下，所以總有發展向上的機會和時期。

平均成本法在上落市受惠

正因為股市受到經濟周期或者其他因素影響，形成上上落落的波幅。對於長期投資者來説，未必有足夠眼光捕捉每次的波幅，做到低買高賣。所以就有平均成本投資法，定期的買入股票資產，就正如強積金在跌市時買入股票基金單位較多，在升市時所持有的基金單位價值同樣會上升。只要最終沽出時，是在上升軌跡的中上部分，平均成本法一般都可以保本甚至獲利。

平心靜氣待策略發揮作用

初入社會工作二十多歲到65歲退休，當中有三四十年，有機會橫跨不同的經濟周期，甚至有可能經歷一兩次股災及其後的大升市。若果強積金計劃成員試圖捕捉短期波幅，在市況急劇下跌時把強積金基金轉換，很容易造成「高買低賣」，把短期的波動兑現成實質的虧損。倒不如平心靜氣，讓平均成本法發揮它的應有功能。當然不同地區或主題的基金回報和表現仍然有參差，在揀選合適基金運用平均成本法時，可諮詢理財策劃師和強積金中介人的意見。

平均成本法的例子

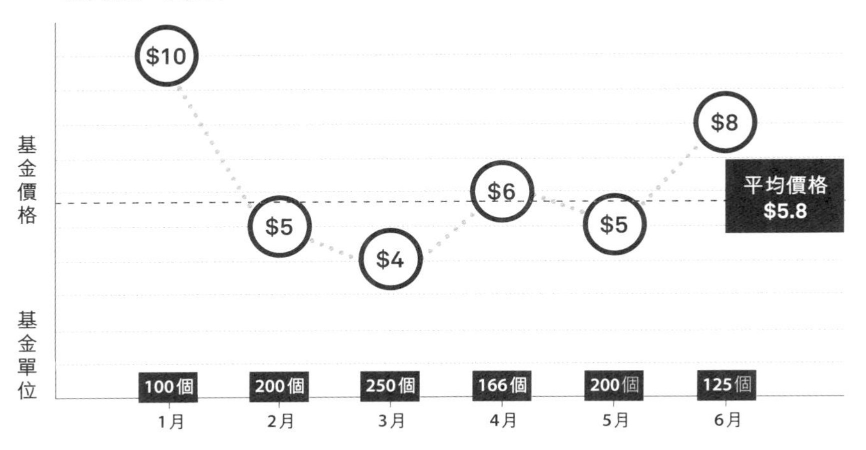

資料來源：強積金管理局

1.6

學畢非德還是學窮查理

相信在香港沒有人未聽過畢非德（Warren Buffett）的大名，而他的一位拍檔查理芒格（Charlie Munger）又稱為窮查理卻較少人認識，但是兩人都是享譽全球的投資大師，他們的投資理論和策略在長期以來一直受到廣泛關注，兩人的投資風格有類似也有不同之處，讀者可以參考，說不定對個人的退休計劃有所啟發。

畢非德的投資理論

畢非德主張投資者應該尋找被低估的股票，即價值投資。他關注企業的基本面，包括收入、盈利、負債和管理層的能力、有競爭優勢和持續增長潛力的企業。他相信長期投資有助於減少風險並實現穩定的回報。然而畢非德也被批評局限或偏好於特定行業，這可能限制了他在其他行業或領域中尋找更多機會的能力和錯過一些新興趨勢或技術變革，因為他更傾向於投資那些他能理解和熟悉的企業。

芒格的投資理論

窮查理芒格於2023年11月去世，享年99歲。芒格在大學修讀法律，畢業後成為了律師，並在加州的一家律師事務所工作，後來輾轉成為一位投資顧問及夥拍了畢非德。

芒格也是價值投資的支持者，但他更注重風險管理並強調避免投資那些風險高、回報低的企業，提倡多元化投資以分散風險。芒格主張對自己和他人的認知偏差有清晰的認識，並利用這種認識來避免犯下常見的投資失誤。鼓勵用逆向思維，從不同的角度思考，尋找市場中的反轉機會，即那些被低估或被過度悲觀看待的投資機會。

其實畢非德和芒格雖然身家豐厚，但都是過着一些簡樸生活的人，這種風格也反映在他們的投資原理中，即是找一些概念簡單、業務與大眾生活息息相關和有持續增長的企業作長期持有。避免投資在一些經營原理複雜或不明白的業務。

這裏節錄一些芒格的名言金句給大家領悟一下大師的投資技巧和人生哲學。

幸福人生：

如果你的生活方式是正確的，那麼你到了晚年只會比年輕時更加幸福。

要一棟房子、一堆孩子，房子裏很多書，還有足夠的財富過上自由的生活。

為了小小的願望而努力，你會更幸福。

人生就是一連串逆境，每一次逆境都是讓我們變得更好的機會。

待人處事：

我始終認為，改變不了的事就不要太糾結，滿腹牢騷、怨天尤人是人生大忌。這道理很簡單，但許多人卻因此白白地毀了自己的人生。

大多數時候我們應該把眼前的事做好，剩下的就順其自然。

生活中保持一點幽默感能讓痛苦少一些。生活中從來不缺少笑點，人們總是做很多蠢事，那都是非常好的笑料。

投資技巧：

好的投資機會就是這樣，可遇而不可求。每個人一生中都有屬於自己的那兩、三個好機會，關鍵在於當機會來臨時，你是否有辦法掌握。

做投資的秘訣在於，你能看出機會，而且當屬於你的大機會出現時，你能看懂，別人看不懂。

無論買什麼股票，價值投資都是付出較低的價格、買進較高的價值。這種投資方式永遠不會過時。

投資是一件長期的事，如果你想長期投資，你就要承受得起50%的跌幅而面不改色。

賺大錢的秘訣不在於買進賣出，而是等待。

過度分散沒什麼好處。很多人主張分散投資，但我認為能找到4個絕佳的投資機會就很幸運了。

學習有時候不一定是很系統或很有邏輯的一步一步演算，名言彰顯了芒格對價值投資和智慧，例如價值投資的基本原理是「尋找具有競爭優勢的公司，並持有他們的股票長期投資。」而買賣股票不需要經常入市，做頻密的交易，反而是買了之後等一段長時間，讓該投資長期增值。

透過思考芒格的説話，大家又會否獲得一些啟發。總體而言，畢非德和查理芒格都是非常成功的投資者，他們的投資理論和策略在不同方面有所重點。畢非德注重價值投資和長期持有，而查理芒格更強調全面價值投資和風險管理。然而，他們也有各自的弱點，如錯過一些新興趨勢或技術變革。最佳的投資策略通常是結合不同的方法，根據個人的投資目標和風險承受能力來做出適當的選擇。

1.7

練好強積金投資心法

有不少投資界的前輩和金融財經作家對股市投資的心得，都曾經不約而同地提出過快、狠、準的心法技巧。這3個心法看似簡單，但為投資者提供無限的可能。

投資要做到快狠準

好像武俠電影中所說的功夫境界「唯快不破」，「快」是最常用的心法。快是指做投資決定要迅速，市場瞬息萬變，一個消息、一項炒作所造就的機會，可能轉眼間就會消失。所以在認定目標和執行投資決定時都要反應敏捷，不能猶豫不決，更要戒掉拖泥帶水、斤斤計較一兩個價位的差別的習慣，否則延誤最佳入市時刻，機會白白流走。

「狠」包括做決策時要大膽決斷，要敢於承擔風險，有面對成功和失敗的勇氣，但投資不是賭博，買賣時結合理性分析定下目標和設止蝕止賺位，到位時就要決斷地執行。留意價格變化，在投資形勢不利或假設的前提有改變時，也應狠心地壯士斷臂的離場，以保存實力，待再戰下一次的機會。

「準」是要做到判斷準確，分辨什麼是機會、有什麼風險和成功回報的效益。揀選投資目標和入市時機要有準確的掌握。要做到準，少不了可靠的資訊、豐富的財經知識和有效地把投資原則和知識靈活應用。

強積金受條件限制

雖然強積金之中也有股票基金，一般投資原理都適用，但是因為強積金以平均法方式買入、長遠投資的性質和轉換基金或取回現金的限制，不能照單把快狠準心法全收。筆者想在此拋磚引玉，變通一下用勤、忍、毅這3個心法，為快狠準作補充和引發大家的思考。

業精於勤，不僅在投資，就是在任何的領域上，要有一定成效都必須有扎實的基礎。要練好基本功，勤是不二法門。股票看微觀的企業表現揀股，和以宏觀的市場走勢作入市點；強積金則較傾向掌握宏觀環境和市場長遠趨勢變化。所以要對不同的強積金基金的性質、回報和風險熟悉和多搜集資料。當有需要轉換基金時，這些累積的知識就會派上用場。

被動入市難作回應

市場日日在變，甚至可能會突然變得動盪不穩，但是要明白強積金投資異於炒股票，當股票價格轉勢要狠下止蝕，可作進、退、守較靈活的決定。可是強積金投資每個月被動入市，當某基金的表現回報不佳時，可做的決定較少，有時這價格訊息可能只反映季度或短期的表現，所以不要落入在高位轉入、低位轉出的心理陷阱。在轉換基金前先忍一忍，想一想是當初的前設條件已有改變，例如最近熱烈討論的中國L型經濟，是大趨勢走向不利，還是市場偶然波幅調整。

強積金的目的是為退休作準備的方法之一，由進入職場到退休，時間長達數十年。在這漫長時間裏，人很容易會渙散迷失，所以要有恒心毅力去規劃自己不同階段的理財需要。透過集腋成裘累積財富，少不了鍥而不捨的堅毅精神，但金錢財富並不是支持堅毅精神的支柱，最重要的支持可能是為了令家人有幸福美好生活的期盼，明白這點，毅就顯得更有意義。

1.8

強積金——你的名字

看過的一齣日本動畫電影《你的名字》，原本是一段有關奇幻愛情的故事，然而當中對什麼是「存在」有着頗為有趣的演繹，由於時空的交錯男女主角對於「存在」與「不存在」都有不同的感受和經歷。看完之後有人會覺得浪漫、有人會思考當中的哲理，而筆者就試把這「存在」與「不存在」來解釋強積金供款人的心情。

電影講述一對分別生活在鄉村和城市的少男少女，不知如何，兩人通過夢境變成了對方，並以對方身體間斷地生活在對方的時空當中。他們不單只是身份互換，還有時空的差距，當男主角在追尋少女的真正身份時，發現這少女居住的村莊幾年前因流星撞擊而滅村，多人死亡。為了救回村民性命，男主角在少女肉身中與她的朋友在村內四處奔波，最終村莊逃過一劫，那晚流星依然墜落但沒有村民受傷或死亡。不過，從此男女主角對對方的記憶變得模糊，甚至連對方的名字也忘記，各自過回沒有相關的生活，然而一份強烈的感覺仍然存在，彷彿感知到有一親密的人在守候自己，卻在認知上全無記憶。劇終前一個偶然相遇，兩人須不認得對方容貌，卻憑這「不存在的存在」感覺相認，同時問起對方的名字。

奇幻浪漫故事蘊含哲理

好端端的一個奇幻浪漫故事，筆者就市儈地強把它扯到金錢和投資上。樓價高企，百多呎的高級豪宅劏房賣幾百萬元，很多業主的物業過千萬元。平心一想，這利潤並不存在，因為業主不會或不能賣樓，雖然紙上富貴縱然虛妄，相信業主們看到所住的物業破頂升值，或在這幾年間樓價由高位回落兩三成，總會觸動心情。不算流行歌曲在內，這可以是香港人最容易理解的「不存在的存在」的例子。

強積金是存在的不存在

另外，有許多強積金供款人都有着與電影中所說的「不存在的存在」相反的感覺，即是「存在的不存在」。每月供款很確實的從薪金中扣除，結單的確有這供款的累積金額，但是這「存在」的金錢要到數十年後退休才能使用，參考現在的生活時空，這筆金錢與「不存在」沒有什麼分別。

供款人面對強積金這「存在的不存在」，有些會選擇忽略，橫豎現在都用不得就不去打理、不去面對。有些會在把這「存在」的荒謬感覺，變作憧憬願望，甚至轉化為長、短期的投資目標，賦予一些投射的意義。無論如何，時間會還強積金供款人一個終極答案，到時供款人所得的部分就是他們自己過去努力的成果，另外的部分就是生命中不能自控的安排。將來的「果」原來都是今天所種的，這也是不同時空的相同連結。

1.9

強積金投資中的馬拉松

投資有長期、中期或短期，房產物業和基金一般屬長期投資，股票外滙可以長期、中期持有，也可以即日炒賣，長短期視乎投資者的目標和心態。至於強積金則明顯是長期中的馬拉松投資。筆者這個比喻是有感於早幾年渣打馬拉松宣布20周年比賽日期後，先後有幾位朋友半開玩笑半認真的邀約或挑戰筆者參加，還說可以當是減肥瘦身的機會，然而有自知之明，所以都以開玩笑的心態一一婉拒。

需要悉心計劃

運動比賽，特別是馬拉松，要有恒心有紀律的重複練習，也要在事前按個人的體質狀況、能力、技術水平等等條件，以訂定行動目標和結果目標，計劃好練習時間和密度，這些筆者倒有點認識（炫耀一下，筆者年輕時也曾考獲某運動的教練資格）。至於強積金作為投資中的馬拉松，對於很多朋友要跑到退休的終點，取回供款，仍需頗長時間，所以有很多朋友都沒有積極籌劃打理，然而與其他投資一樣，強積金都需要悉心計劃，考慮回報、風險和費用，就正如運動一樣，堅持恰當的練習和熱情地投入，至累積到一定水平時，就會見到投資的效果。

強積金投資有如馬拉松，需要有恒心有紀律。

10個要訣可參考

十多年前一本名為《撒哈拉的FQ博士》的書，作者林一鳴博士曾提出FQ馬拉松投資法的10個要訣，包括：

1. 勤力練習，準備充足
2. 定下良好目標和策略
3. 維持均速穩步前進
4. 先跑的不一定先贏
5. 切忌跟着別人去跑
6. 切勿定下參考點
7. 不要操之過急
8. 向高手請教
9. 與失敗做個好朋友
10. 休息的智慧

做好搜集資料

強積金既然是馬拉松式的投資，試看看這10個要訣可以如何應用。例如第1、2和3項，是所有投資的不二法門，投資前要做足準備，了解自己的需要而定好目標，在揀選強積金供應商或基金前，也要做好搜集資料和分析的功課，定期供款，定期檢視基金表現和供應商的服務質素，維持穩健有增長的組合。

第4要訣是投資不論先後，最終都以結餘定成敗。這是很現實的道理，但是僱員總覺得錢在自己身邊隨時花，較放在幾十年後才可用的戶口好，所以不願積極管理供款，而強積金或退休準備，都是早日開始儲蓄比遲開始好，正如馬拉松若定在明年1月比賽，總不能比賽前一個月才開始練習。

心理質素很重要

第5、6、7項有關投資者心理，羊群心理、定下不實際的參考點後又不忍止蝕、不理性的急躁冒進都是常見的自設陷阱。特別是不應以強積金來捕捉市場的短期波幅，所以要定期與財務策劃師檢討自己的狀況和退休組合，有需要時作出適當的調動。

最後3個要訣點明投資總不會長勝不敗，所以要持續從經驗中學習。至於炒股不順，有需要時就暫時休戰，但強積金卻要供款至退休才可停下來，不能中途休息。這裏可以用另一個角度看，退休只是不同性質的休息，退休後不妨先獎勵一下自己，去一次遠遊或買件小禮物給老伴，享受過去幾十年的投資回報，好好準備開始精彩的退休生活。

成功管好
強積金的8個習慣

在整理雜物時尋回多年前看過的一本書——史蒂芬·柯維的《與成功有約》。這本書和同一作者的另外一本《與時間有約》所提出的觀點，對我工作與人生都有很大的啟發作用。再次翻一翻這本書，除了為自己充電外，忽發奇想，如把當中的7個習慣應用在強積金上又會如何呢？

主動積極 以終為始

1）主動積極：不論你相信「早起的鳥有蟲吃」還是「早起的蟲被鳥吃」，個人生活及工作的態度都要主動積極，因為遲起的蟲也得面對遲起的鳥。處理強積金的道理也不例外，當轉工時主動尋找基金計劃資訊，盡快處理保留賬戶，避免給行政費、手續費蠶食，或錯失投資機會。好好管理供款，把強積金作為給自己退休的一份禮物。

2）**以終為始**：強積金的最終目的是退休保障，你希望何時退休？退休之後要過怎樣及什麼水平的生活？強積金如果不足以應付，可以有什麼補救方法？這些問題留待退休時才打算就會太遲。思量一下個人的長中短期目標及人生理想，由終點想起，為終點作籌劃和奮鬥，日後可以過有尊嚴的退休生活。

定緩急先後 建立雙贏思維

3）**要事第一**：大家每日都可能為了處理工作和生活的瑣碎事件而覺得沉悶，偶爾放鬆一下拋開世俗煩憂也無妨，但是就不可過於放縱，把資源用在無謂消費上。例如年終收了一筆花紅，可先撥一部分作投資，而不是一下子把它花掉。投資往往是先苦後甜，把資金、時間專注在重要的事上，分緩急先後，有紀律地執行，掌握人生主導權。

4）雙贏思維：與人相處利人利己，大家都可以是贏家。打工仔與僱主並不是必然對立的，只要求同存異，大家都可以找到共贏基點，在揀選強積金受託人時有商有量，甚至以額外的自願供款作為長期服務員工的福利。當然現時受可作為扣稅支出的限制，若政府修訂有關政策及條例，把僱主及員工的自願供款在評稅入息中扣除，這雙贏思維就變成三贏。

知彼知己 綜合管理

5）知彼知己：了解你的中介人，也讓你的中介人了解你。你的財務策劃師可幫你分析需要，除了介紹產品給你之外，還可以幫助你了解投資理財甚至是生活模式上的盲點。多與中介人聊天，不要怕他們向你推銷，買不買的決定權在自己處，多傾聽分享市場或生活訊息，個人知識也豐富了。

6）統合綜效：把強積金作為個人投資組合的一部分，綜合不同工具的特性，例如股票、外滙流動性強，調動資金及轉變組合較靈活，所以既然有長期投資的強積金，組合就不應重複地長期鎖定大比例的資金。強積金一定要退休才可取回，及在轉變組合上較慢，但也要與其他投資組合一併檢討。

增值自己 了解潛能

7）**不斷更新**：在這瞬息萬變的世界，個人應不斷學習與時並進，持續進修也不一定要報讀昂貴課程，多到書店、圖書館逛逛，定期上網瀏覽一些益智網站，間中不區一格的看一些自己平日忽略或沒有興趣的書或網上資訊，拓寬一下視野，自我增值，成就人生最佳投資策略——投資在自己身上。

柯維在7個習慣之後再加多一個有關心靈的第8個習慣——**發現內在聲音**：天生我才，每個人要認識個人的天賦，找到自己人生的使命，並幫助及激勵他人找到屬於他們的心聲。尋找自我可能是一生的功課，幫助別人看似也很偉大，但其實可以很簡單，例如幫助身邊朋友明白強積金不是他們的負擔，要積極計劃和管好自己的將來。

對於這8項修煉，不要勉強自己一步登天，可以先揀一兩項做，再看看成效，不要把好的建議變成壓力負擔，相信大家都可做到退休前就擁有自在人生。

MPF
MPF
MPF

第二章／積穀要有技巧

積穀防饑、未雨綢繆是中國傳統的文化，讀者需要善用債券、現金、年金、物業等不同產品，砌出一個適合退休的投資組合，這樣才能在動盪起跌的投資世界中，為退休做好財務準備。

強積金也現金為王？

現金為王（Cash is king）的投資策略是指投資者在股市熊市時，應增加持有現金，減少持有股票、債券、基金等投資工具的比例。有現金在手，除了在經濟不景時有現金應付生活開支，還可以在股票價格低沉時，趁低吸納一些優質股票作長遠投資，等待下一個牛市周期來臨獲利。

保守基金回報偏低

強積金的戶口不能直接儲存現金，較為接近的是購買貨幣市場基金，或一些現金成分較高的保守基金。強積金計劃中現時約有40隻港元貨幣基金，大多數名為保守基金或儲蓄基金。一年回報較高的包括交通銀行愉盈強積金保守基金（1.45%）、東亞強積金保守基金（1.4%）、景順保守基金（0.87%）。這40隻港元貨幣基金的3年年度化回報在0至1.07%之間，5年的年度化回報則在0至1.1%之間。

至於人民幣或人民幣混合港元的貨幣基金約有9隻，一年回報是介乎0.13%與-1.3%之間。年初迄今的回報方面，由於今年人民幣貶值，所以這9隻基金的回報都是負數，在-1.51%和-2.59%之間。至於另一類風險較低的是債券基金，據積金局的基金表現平台顯示，債券基金5年的回報由-2.65%至1.89%之間。

退休前鎖定回報

由上述數字可見，如果長期持有負回報基金，不但通脹都追不上，還會蠶食供款人的積蓄。然而，這些基金也有獨特的作用，例如供款人如果在短期內退休，想把過去在股票基金累積供款和回報鎖定在一定的風險中，可以轉換至這些貨幣基金，以免在熊市中股票基金價格下跌而在取回供款時有損失。

除了注意風險外，供款人在轉換基金前還應考慮市場走勢、個別的強積金受託人的計劃中不同基金的成分和收費、轉換的時差和自己的退休需要。強積金是長期投資，如果還有二三十年才退休，供款人可能還會經歷多兩三次的牛市或熊市，若果用強積金捕捉市場升跌，不如緊守平均成本法以度過這些牛熊市，而這也是強積金的初心。

強積金
遠水如何救近火

最近市面上多了很多聲音要求提早提取強積金，相信最主要的原因是香港經濟持續變差、失業率上升，加上很多人因疫情開工不足令個人收入鋭減，家庭經濟拮据所致。從政府在緊急時期對市民的援助的角度看也好，還是從發揮強積金功能的角度看也好，這年來發生的停工、停市、裁員等等的經驗，都應該為決策者帶來啟示，改善強積金的功能，加強香港的退休保障制度。

資料顯示，強積金有440多萬名計劃成員，平均每名成員賬戶已有21.7萬元，有6.2萬名成員已累積超過100萬元。個別行業員工收入減少甚至沒有收入，導致資金周轉不靈，但眼看着在強積金戶口內有十多二十萬元甚至更多的現金，卻分毫不能動用來應急。而政策當局卻說強積金為長線投資，可不斷滾存增值，應盡量於退休才提取，這些說話雖然原則不假，但是在陷入財困的供款人聽來就於事無補，甚至顯得有些缺乏同理心。

艱難時提取日後再還

假設某人家庭入息3萬元，每月必須開支2.5萬元，但因失業大半年，現在只能做些散工，積蓄也用盡，收入是以前的三分一。如果強積金有20萬元，提取5萬至8萬元應急，可幫助紓緩三四個月開支的負擔。等到社會經濟好轉，收入改善後再分期對強積金戶口還款，都算是自食其力。可惜現時沒有這途徑，十多廿年後才能用的遠水救不了門前的火。大家都明白強積金的宗旨是為了退休，要長遠和持續的把供款滾存，但是遇上失業停工而缺乏生計，生活徬徨，又拿不到失業救濟，更甚者引起家庭問題、致對政府或其他社群階層產生怨恨，這些最終也是社會成本。

創新改革增積金好感

每個人的退休準備是個人的責任，要市民重視退休計劃、認同強積金作為退休甚至是個人理財的組合，單單是宣傳和教育是不足夠的。坊間一句「強迫金」，另一句「蝕多過賺」，雖然不盡不實但已經深入民心，所以要發揮強積金長遠的退休保障功能，需要政府和積金局創新思維、有策略地改革改善，增加誘因令市民主動了解和樂意地對強積金供款。

具社保元素多用途戶口

除了現行的自願供款扣稅，要增加強積金作為投資、儲蓄、退休保障的吸引力，就要增加選擇性和誘因。作為其中一根退休支柱外，還可以更具創意加入社會保障元素，例如按供款人的工作或收入分類，政府在派錢或給予救濟時可以更精準地作出支援；另外累計權益可部分用作購房抵押、可借出部分作應急周轉、自願供款給予額外利息，甚至作為市民的投資戶口可以買iBond或抽新股等等。

上月有工會促請政府推出類似iBond般與通脹掛鈎，或有保證回報的強積金產品，一來可促使基金受託人減收行政費及提升回報率，二來保證回報比銀行存款利率高會有一定的吸引力，這已經是相對易辦的建議。官方和政策當局要突破思維慣性，用創意和承擔把強積金變成可用之水。

以四季論退休理財

中國以農立國，在五千年文化流傳至今的價值觀上，都保留着不少與農業相關的智慧，在日常的詞彙成語中都能找到例如積穀防饑、未雨綢繆等文化觀念，又例如二十四節氣表達自然規律的變化，提醒農民天時氣候的轉變，要準備相應的工作。一年四季就像人生的不同階段，都有適當的作息任務，這些觀念也可以應用在理財和退休計劃中。

首先是春耕。春回大地，萬物開始生長，是播種季節，但在播下種子之前，必須耕耘土地把泥土翻鬆，讓種子有空間與水份生長。就如人生的學生階段，要努力學習，吸收知識和解決問題的技巧，為日後生活打好根基。春季代表着個人理財的開始和種子的種植。我們需要確定自己的財務目標和計劃，就像在春天種下種子一樣。這包括了解個人財務狀況、制定預算、設定儲蓄目標和開始建立緊急儲蓄基金，並確保一切有序和準確。

夏如進社會努力奮進

其後是夏耘。在夏天澆水除草施肥，讓稻苗成長。正如畢業後進社會工作，初時可能只是做一些前線入門的職位，在困難中汲取經驗，越過障礙，向自己的職業生涯計劃和目標奮進。這個時候忙於工作，甚至找兼職賺取額外收入來盡快實現財務目標。累積財務資產，例如定期購買股票、投資房地產或開立退休儲蓄計劃等等，就像夏天灌溉和照顧植物一樣。在投資前要先學習有關理財產品的原理和風險。夏天的忙碌還包括拓展個人社交、開始組織家庭等等。

之後是秋收。是收成期、是個人理財的收穫和規劃的實現階段。經過前兩季的辛勤栽種，秋天穀物成長是收割的時候，但是仍然需付出努力。人生經過之前的階段主要是付出，而到中年於事業與家庭則是初獲小成或是進入佳境，開始享受之前的勞動和投資成果。然而仍需要檢查和評估我們的財務狀況，就像在秋天收穫農作物把五穀分類和分配處理一樣。財務上就類似包括檢討投資組合的表現、重新評估財務目標並做出必要的調整。當然，秋天的人生可能已經是50多歲，還有十多年就會退休，調整財務並不是在這時才開始供一份二十年的儲蓄保險，而是如何和在什麼時候鎖定已累積的回報。

冬天儲糧待春天來臨

最後是冬藏。嚴寒的冬季使農作物無法生長，農民把秋收的莊稼收穫貯藏起來，除了有糧食過冬，還有和家人一起等待春天再來，大自然循環往復，生生不息。這階段要有效運用之前的儲蓄，應花得花，並持續監控我們的投資組合，保護已獲得的利潤。冬天是否等同退休，把前半生的積蓄慢慢花，直至百年歸老呢？筆者一向主張提早退休，一來可以有多些時間陪伴親人，還可以選擇如何生活，例如做義務工作回饋社會、追求自己的興趣，甚至創業或發展第二職業。

按時為退休做好準備

追求自己的興趣或發展第二職業説來好像有點奢侈，因為仍見到不少朋友在65歲退休後還要為口奔馳，身體健康也逐漸變差，身心疲累。這也就是要提早準備退休的原因。

春夏秋冬是大自然中四季的循環，每個季節都有其特點和變化。冬天是冷酷嚴峻，還是充滿着春臨大地的希望，其實就像四季務農的規律「春耕、夏耘、秋收、冬藏，四者不失時，故五穀不絕」，在於是否及早達到財務自由和為退休的各個領域的生活作好準備。同樣地，個人理財和退休準備也需要遵循一個有計劃的進程，就像春夏秋冬一樣。

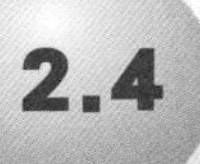

沒有養老的資金

電影《沒有養老的資金》訴說了一名知慳識儉主婦的退休想法，值得細味。

年前看過一齣日本電影，片名是《沒有養老的資金》，女主角是筆者喜歡的《女王的教室》的天海祐希，男主角是《孤獨的美食家》的松重豐，加上片名和退休養老有關，所以特別注意。這是一齣喜劇，手法和劇情都有些少誇張，在輕鬆娛樂之餘也有給觀眾的反思情節，例如是合租屋、養老的準備金水平和長者的退休心態的一些問題等等，都值得和大家探討。

電影於2021年10月在日本上映，內容講述家庭主婦後藤篤子是一名知慳識儉的主婦，丈夫後藤章是經濟支柱，女主角則做兼職幫補家計，兩人已經50多歲，子女也長大成人，女主角很不容易才儲到700萬日圓的積蓄。故事開始時接到家翁病危的消息，一家人趕去見了最後一面，由於家姑要求舉辦一場有體面的葬禮，加上殯儀館職員的慫恿推銷之下，篤子就花了巨額的葬禮費，可是到來的親友寥寥可數，自己的積蓄就花了一半。

劇情轉向男女主角突然相繼失業，為節省開支就接家姑回家一起居住，引起了生活適應上的矛盾和一連串的笑料，到了家姑提出舉辦「生前葬禮」，篤子害怕又要洗一大筆金錢而極力反對，引起正面衝突。家姑的「生前葬禮」最終都舉辦了，在儀式中家姑講述自己得到家人，特別是得到篤子的照顧而很滿足，也說了些她對人生的看法、退休長者的心理和渴求家人關注的需要。最後這「生前葬禮」就像派對一樣載歌載舞玩得很盡興，一家人消除了誤解，儀式的開支不但很小還可以有盈餘。

準備退休人士值得思考

劇中提過幾件事都可以讓準備退休人士思考。首先是在電影的開端，篤子在商場見到在大螢幕廣告中有專家提出，要退休最少要準備4000萬日圓，但她盤算自己的積蓄只有700萬日圓，就嘆了一口氣。日本和香港生活水平不同，不能直接比較，有本地銀行做過調查，發現受訪者認為自己平均需要大約470萬港元資金，才可以安心退休。退休後過什麼的生活因人而異，不可能劃一以一個數字作準，如果用作參考則大部分人的強積金都未必有這個數字。

環境突變樂觀適應重要

第二件事是劇中男女主角突然失業，人到中年要找一份有以前薪金水平的正職十分艱難，只能找一些基層、體力勞動或薪資較低的兼職，這情況不單是日本，在香港也類近，因疫情或香港經濟結構轉型，令不少工作多年的中年人面對突如其來的轉變，在生活、家庭關係、新工作環境和身心壓力增加，得到家人的支持和個人有積極樂觀心態適應就更顯得重要。

合租房子共住有利有弊

片中男主角在兼職期間認識工友，他住在「合租屋」，在一幢物業內不同的家庭或個人分租房間單位，共用廚房和客廳等設施，片中描繪各分租人士在友善和睦氣氛中生活，一起吃晚飯，甚至互相照顧幫忙。故事最後男女主角更賣掉私宅搬進這合租屋，好一幅幸福影像。香港因租金昂貴也有類似共居或分租單位的安排，但是把這些合租屋描寫得那麼理想，筆者就覺得有點離地，忽略了與一群不同背景的陌生人共同生活的摩擦和問題。

原來在不同的國家或地區如何累積足夠的退休金、如何安排和適應退休生活，都是一眾市民要面對的問題，所以個人應該跳出思考框框，及早考慮和預備退休保障，因為單靠強積金未必足夠。

退休理財由10萬元開始

年前城中有男神之稱的名人説到，10歲生日時獲父母贈10萬元現金作禮物，當時沒有花掉只是不時拿出來數，最後把錢存入銀行。這句話引起不少網民諷刺批評，説他離地、富二代不知民間疾苦，也有些評論説若果當年以10萬元買滙豐銀行股票、買樓作首期然後放租、買普洱茶葉，甚至買超合金模型等等，會有多少回報云云。這男神3年前也説過，年輕人去少兩次日本睇少些電影的言論，用意是勸喻年輕人生活節儉一些，留點錢儲蓄，同樣引來輿論激烈反應。當年筆者都在本報討論過和分享了一些個人經驗，今天也有一些想法。

身邊有不少中產朋友，雖然不是富豪但都是專業人士，每月花在小朋友身上的各式學習、課外活動等等金錢都要上萬元，在農曆新年小朋友收到的利是錢也有萬元。所以中產家庭的小朋友在10歲時父母都應該投入了數十萬元，而小朋友的利是錢也可以累積到幾萬元。相對草根階層的家庭並沒有這般的經濟能力，但是父母自己節省都希望給子女有充足使用，而小朋友每年的利是錢可能未過完年已被父母循環再用，只留小許買些玩具，10萬元可能是一家人全年的開支。

畢非德也是由儲蓄開始

對於10歲的小朋友，向他們說如何好好利用10萬元其實很困難，這不單是理財教育、是兒童心理學也是價值觀的灌輸。有朋友就教子女撥部分捐給慈善機構，幫助有需要的人，有些就要預留些給爺爺嫲嫲買禮物，有些就要儲多一點日後買件更貴的玩具等等。這些都是傳統孝、義、勤儉的觀念。當然理財顧問或父母都不會對10歲的孩子說要留些錢作退休用，而今天也少人敢說養兒防老，但積穀防饑總存在我這一輩人內心。

或許男神有個富爸爸，他叫人節儉儲蓄的說服力不夠，但股神畢非德的財富最初是來自打工儲蓄下來的2萬美元，然後作投資滾存，再靠着複利效應而來。開源節流、複利效應、檢視個人消費習慣和價值觀，都是最基本的理財以至退休計劃原則。

時間是敵是友取決於行動

「大富由天、小富由儉」，社會上沒有家庭幫助而達到理想、過着不錯生活的，大有人在。很多人的第一桶金都是靠省吃儉用作儲蓄，和找尋能產生正現金流的投資而來。同時在知識、技術和人脈關係上裝備自己，令自己能分辨和把握機會。每一代都有屬於這一代的機會和挑戰，如何準備退休或如何過退休生活，雖然不用在10歲開始計劃，但是時間是敵是友，取決於自己的行動，也不要輕看10萬元的儲蓄或強積金所帶來的複利效應。

債券是投資組合重要元素

有朋友留意到筆者的文章中很少提及強積金的債券基金，問到是否不看好債券投資。其實剛剛相反，不論是一個國家的外滙經濟政策、大企業的財務管理和投資基金的策略組合中，債券都是重要元素，甚至債券的回報和價格能反映國家的經濟狀況。然而香港的零售債券市場門檻較高，不像股票般有大量的打工仔散戶，而強積金中的債券基金回報幅度較窄，不像股票基金的回報有較大的想像空間，加上身邊有些朋友經歷過金融海嘯，聞債色變，當中存在的誤解很難三言兩語可以解釋，所以較少討論。

強積金供款人在分配資產時，債券基金是重要考慮，但是在選擇債券基金的比例時要留意債券的特性、個人的投資組合、退休年齡、市場狀況和風險等等。

債券市場具多樣性特點

債券是一種有價證券，對於企業財務來説是債務融資，股票則屬於股本或股權融資。直接一些，發行債券就是問別人借錢，寫張欠單説明貸款金額、還款日期、利率或其他條件。債券可以由企業、某個國家的中央或地方政府或者是由金融機構發行。債券的收益來自票面值計算的利息或在條款中説明的定期固定收益，債券持有人也可在市場買賣，如果市價高於票面值，就可賺取差價收益。

香港打工仔很少提到投資債券，較多討論的是在2016年香港政府發行iBond，息率與通脹掛鈎，入場門檻是1萬港元，可是認購有年齡限制，不是人人可買。隨便揀幾隻債券做例子就可以見到債券市場的多樣性，投資者可以經銀行或個別經紀購買美國國庫債券（2023年8月到期，息率2.5厘，評級Aaa），最少購買金額是200美元；美國蘋果公司債券（2021年5月到期，息率2.85厘，評級AA+），最少購買金額是2000美元；菲律賓政府債券（2021年1月到期，息率4厘，評級BBB+）最少購買金額是10萬美元。然而很多債券的直接投資門檻頗高，例如香港按揭證券有限公司（2020年2月到期，息率1.83厘）最少購買金額是100萬港元；香港人熟悉的港鐵公司也發行不同年期的債券（2024年12月到期，息率2.25厘）最少購買金額是100萬港元等等。

回報預測性比股票強

債券的預測性比股票強，例如在回報計算，債券到期可取回本金而在持有債券期間可收取利息，風險方面則是發行人的違約可能性。在學財務或投資時，課本常常假設美國國庫債券是零風險，但是其他國家或企業都有可能違約，例如阿根廷曾在2001年違約，停止償還近千億美元的國債，要2015年新政府上場後才能再發國債，可是在2018又出現經濟和貨幣危機。而企業也可能因經營困難或倒閉而令其債券報廢，對投資者造成損失。而股票的風險因素比債券多很多，而且回報不可準確預測，所以債券是專業投資者組合內必要工具。

對債券投資有誤解

在中國於2019年3至4月間放寬了寧波、浙江、四川、陝西、山東、北京等省市地方政府債作試點，讓市民投資，最低投資額是100元人民幣。一時熱鬧火爆，30多億人民幣地方政府債在十分鐘內被搶購一空。中國政策向大眾市場開放債券有一定的策略思維，包括給群眾的儲蓄在房地產和股票之外多一個選擇，也是令債券利率市場化的推動。然而最近債券價格下跌，卻引起投資者不滿，當中很多是不認識債券作為投資工具不應該與股票作比較，以為債券價格可以炒上炒落的賺錢。

回到強積金中的債券基金是否值得投資，道理也是一樣，要認識債券的特性、表現和風險。讀者可到強積金管理局網頁的「強積金基金平台」，查看不同基金的表現。例如債券基金有38隻，可分為亞洲債券、環球債券、港元債券和人民幣債券等，以5年期年率化來看，截至2023年12月，回報範圍由-4.08厘至1.73厘。而強積金中有186隻混合基金，是指在投資組合中混合了不同比例的股票、債券或貨幣的基金，以5年期年率化來看，回報範圍由-3.52厘至

10.59 厘。至於股票基金5年期年率化回報範圍在-8.65厘至 9.12 厘之間，可見債券和股票基金的回報幅度的差異。

除了表現外，供款人應該考慮個人的退休年齡和風險的承擔能力而分配投資，愈接近退休年齡，債券基金在組合中的比例可以逐步提高。最後都是回歸基本，要明白各種投資工具，不論是股票、債券還是貨幣的特性和市場的走勢，按個人的投資目標，靈活運用。

債券是一種有價證券，定期派發固定收益，是退休組合的重要一環。

終身年金作為退休支柱

金管局2017年宣布，屬下的按揭證券公司正在研究公共年金計劃，給香港的退休人士作為一項選擇，筆者當時也在本欄提出了一些意見。期望已久，終於在2018年7月9日正式推出名為「香港年金計劃」的公共年金，並在7月19日可供合資格人士申請，還請來黎明協助宣傳，然而讀者想投保這香港年金計劃前，不可不詳細考慮以下幾點。

年金是保險產品之一，這類產品一般在受保人供畢指定款額的保金後，可以定期如每月提取現金，直至保單的保證額或付款年期為止。香港年金是整付保費（即申請人一次過付款）的終身年金，當繳付保費後，受保人將每月收取定額現金直至終身。只要是香港永久居民，年滿65歲就可申請，不需身體檢查；最少投入5萬元，最多100萬元。

例如一名65歲男性申請人繳付100萬元，可每月提取5800元直至身故。如果申請人不幸在參加計劃後兩個月逝世，就按保證期減去已提取的金額後，把餘額發給其受益人，香港年金的保證金額是已繳保費的105%。

分配資金要量力而為

買不買或買多少，要視個人能力和需要，小心計算分配。例如在65歲退休時，已取回一筆強積金，還有積蓄或其他投資，要先計算一下每月支出需要和應急的準備，假設男性申請人有200萬元現金，每月支出一萬元，可保留半年支出共6萬元作應急用途，再保留每月5000元，共15年即是90萬元的支出，用87萬元購香港年金，每月收入5046元，加上之前儲蓄保留的每月5000元，每月就有10046元可用。大約到81歲時，由於積蓄用完，就只得靠每月5046元的年金生活，直至終生。

相比若不購年金，只用200萬元積蓄作生活費，每月用一萬元，則只能維持16.6年，即81歲後就無以為繼。以上計算並未考慮通脹和其他突發支出，所以申請者要考慮個人處境和需要。

利率走勢不影響回報

香港年金保證回報105%，內部回報率是4%。有朋友問是不是等於年息4厘，如果按利率上升走勢，把現金作定期存款是否更靈活？這樣比較並不妥當，因為內部回報不是息率，是指淨現值（NPV）等於零時的折現率（discount rate），即是資金流入現值總額和資金流出現值總額相等。所以市場利率升降並不影響年金支付金額。加上以現時銀行存款利息要加到4厘，相信都不會在短期內出現。反而建議這朋友若有能力和餘錢，除了購買香港年金外，還可在市場上買些低風險高息股票作收息用。

如果讀者想計算要買多少錢及有多少年金，可在年金公司網頁的年金計算機輸入年齡、性別和想購買金額查閱。

計劃未惠及年輕一族

今次的公共年金由按揭證券公司之下的香港年金公司主理，並經過主要銀行發售，由政府包底承擔，避開與本地的保險公司競爭。因為市面上的年金計劃有十多種，這樣一來政府可減少與保險公司直接競爭，二來由政府包底，不怕倒閉。可是，正如筆者去年提出，開放競爭才是用家之福。

由於計劃只限65歲或以上的人士購買，雖然自製長糧對生活有些保障不失作為退休的另一支柱，但由於這年齡限制未惠及年輕但有意提早準備退休人士，這些人只能走向商業市場。作為退休支柱，強積金並不足夠，而香港年金是有能力者的一項選擇，若是積蓄或積金累積不多，能買到的年金也是杯水車薪。

買樓致富？

如果說香港人特別愛「磚頭」應該沒有太多的異議，加上香港的幾大富商家族的生意也都涉及地產業務，這種喜歡投資物業的傾向也反映了中國人的農業文化的基因，物業投資也可能是退休計劃中佔資產比例最高的一項，更是很多人一生的努力和夢想。以下想分享一些置業的觀念和經驗及退休計劃中的關係。

二十年來樓市的升跌

香港的樓市在1997前曾經熱炒，每年買賣成交總數十多萬宗，但因為亞洲金融風暴令樓市急跌，最低潮是2003年的

SARS 前後，太古城實用面積560呎單位售230萬元，新界地區更不乏100萬元甚至以下單位。疫情過後內地大開自由行之門令香港的零售、飲食、酒店等行業發展蓬勃也帶動樓市的升幅，但真正升勢是到了2008年爆發金融海嘯，在樓價稍為回調之後，因美國量化寬鬆政策，推高全球資產價格，香港樓價和股市持續升了十年。到了2018年中美貿易戰全面展開、美國開始加息周期，加上2020年的新冠疫情和移民潮，到了2023年香港樓價大致回到2017年水平，政府也為樓市減辣。

一口氣簡介了二十年來樓市的重大升跌背景，而市場上一些人對樓價有很主觀的看法，在2013年左右，朋友把自住物業賣出套現獲利，轉為先租樓住，待樓價大跌時入市，可惜瞬眼之間已過十年，錯過了樓價飆升期。到了2023年樓價回落不少的時候朋友卻認為還未跌夠，繼續等待時機。有些人更認為可以跌回2003年水平，到時才入市買樓。 筆者相信歷史不斷的重複但不一定發生在同一軌跡。

影響樓價因素很多，包括房屋的需求和供應、按揭政策、利息、政府對買賣的限制措施（例如辣招）、樓宇質素、樓宇的配套設施、宏觀政治、經濟、文化因素，所以要準確估計樓價不是容易的事，重要的是個人需要和量力而為。

買樓有槓桿效應

這二十多年來香港人是如何買樓致富的？有網紅説買樓是一種槓桿式投資，但筆者卻覺得投資者買樓付出首期，樓價的餘款是透過按揭而獲得，這按揭貸款要每月清還，所以並不符合槓桿式投資定義。槓桿式投資要先付出一筆保證金，然後可以買賣一定比例的投資產品例如外滙或黃金，甚至可以買升或買跌，所以買樓與定義上的槓桿式投資不符合。

買樓的確有槓桿效應但不等同槓桿式投資，假設樓價是500萬，首期是50萬，撇除手續費用、税務和利息開支不計，如果樓價升值10％即是500萬的投資變成 550萬，即時賣出，當初50萬的首期得到的回報不是10％而是100％（550-500）÷50＝100％。 這種槓桿效應在樓市升值幅度大的情況下效果特別顯著。

另一種加強槓桿效應的是資助房屋，例如是居者有其屋，某新界居屋屋苑曾經被廣泛報道的，買家以200多萬一手買入單位，3年後以400多萬在居屋第二市場（免補地價）賣出，回報（撇除手續費用、稅務和利息開支）是本金的十倍（400-200）÷20＝1000％。 所以有人説抽中居屋就如中六合彩都不算誇張。當然要賣掉自住物業獲利，就先要解決住的問題。

退休的資產中可以加入物業投資項目，一來解決住的問題，若果財力可行更可以買樓收租產生正現金流，購買香港房地產的程序可以概括為以下幾個步驟：

研究市場：

在購買房地產之前，應該先了解不同地區的價格、房屋類型、特色和供需情況，以及相關的法律法規和稅務要求。

財務準備：

確定個人的財務狀況，包括能夠支付的首期、印花稅、律師費、代理佣金和貸款還款能力。

找尋房產：

通過不同的渠道，如房地產中介、網上房地產平台或報紙等，尋找符合你需求和預算的物業。預約參觀，評估其條件和價值。

估價和談判：

找到心儀的單位，向銀行做初步估值。並向賣方商議價包括售價成交期和附帶裝置等。

簽訂合約：

一旦達成協議，可經由地產代理簽臨時合約，然後在律師樓簽訂正式買賣合約和樓契。簽名前要仔細閱讀合約條款，確保理解其中的內容和責任。

辦理貸款：

大多數買家都需要貸款購買房產，在估值時可同時查詢銀行按揭貸款審批程序。

完成交易：

在房地產交易完成前，需要支付剩餘的款項，包括尾期款、印花稅和其他相關費用。樓契文件則抵押給銀行，直到完全還清按揭貸款。

總結而言，二十來年買樓致富的原理可以歸納為在升市中享受了槓桿效應，買樓致富要看環境趨勢，需要注意的是，香港的房地產市場和相關程序、費用稅率可能會因時間而變化，因此在具體操作之前，建議與地產代理、銀行和律師諮詢，置業只是退休計劃的一部分，資金可分散投資於不同的資產類別如年金、股票、債券、基金等金融工具，以實現資產的多元化，以降低風險並實現更好的回報。

釋放樓房價值用於退休

強積金提供了退休的一根支柱，但是並不足夠，還要有其他的保障，例如社會安全網、個人的儲蓄和投資等等，在很多人心目中最穩健或最有安全感的保障莫過於樓房。擁有物業是不少人的願望和畢生的努力所繫。然而到了退休年齡，樓房除了居住外其實也有變現的功能。

中國人喜歡物業的基因可能來自五千年的農業文化，春耕夏耘秋收冬藏形成儲蓄習慣，在日常用語中也不乏未雨綢繆、積穀防饑等價值觀念。中國內地或是香港，接觸西方消費主義和享樂主義後，這儲蓄的習慣也一代比一代的減退。對很多香港人來說最大的積蓄就是樓房。隨着環球資金流動、低利率環境，樓房價值也上升到脱離大眾的購買力。

賣樓差額買公共年金

對於只有一層自住物業的朋友來説，樓價大升也只是紙上富貴，因為把樓房賣出就得解決居住問題，除非願意大屋搬細屋、由市區搬入較遠地區或近來流行的移居大灣區，也可把樓宇差價套現使用。粗略計算，假設現在自住已供完貸款的物業價值600萬元，轉往大灣區較近的珠海或中山買樓需要200萬元，就可以套現400萬元。先留起200萬元，用200萬元買公共年金（以60歲男性計）每月約有10200元作生活費。對於退休人士，這個也是一項釋放樓房價值的方法。但是要注意居住環境與社交的適應和社區、醫療配套問題。

逆按揭難敵傳統觀念

另一種釋放樓房價值的方法是香港稱為安老按揭的逆按揭。安老按揭計劃推出已有十年，由第一年的173宗申請累計至2023年9月共有6,692宗。讓55歲或以上人士利用他們在香港的住宅物業作為抵押品，獲得按揭貸款。借款人可提取一筆過貸款或每月收取定額年金。單看申請數字，似乎香港人不大熱衷於這工具，可能與老人家傳統觀念想把物業留給下一代有關。（申請步驟見下表）

假設申請人是60歲男士，物業價值600萬元，安老按揭下最多可即時借出180萬元，另外首10年每月可獲年金1160元（其後的年金會減少至每月600多元至終老），再以180萬元買公共年金，每月有9180元的收入，總共也有約1萬元作生活費用。如果不提取現金，全以年金收取，首10年每月有22000元，其後遞減至每月12000元至終老。這方法的優點是仍可住在原物業直至百年歸老，不用搬遷和適應新環境。缺點是日後子女欲取回物業就要向按揭銀行還款贖回。

加按買高息債風險高

市面上另有財務顧問聲稱是零成本釋放物業價值，教業主把自住物業到銀行加按，套現後買高息債券，利用息差作套戥，但是這方法風險較高，若企業違約或其他市場變化，可能令業主有損失甚至本金也輸掉，所以不一定適合退休人士。

對大部分人來説，樓房是一項重大投資，甚至是人生大事，有自住的用途也有投資儲蓄的功能。在計劃退休時，可把樓房和如何釋放樓房價值和風險也納入退休考慮中，遇到疑難時要多學習、多發問和諮詢財務策劃師，不要做草率的決定。

逆按揭申請流程

第一步：申請前	聯絡參與機構。它將解釋計劃的詳情，並初步評估是否符合申請資格。任何情況下，均毋須透過任何中介人申請安老按揭貸款。
第二步：輔導	在正式申請安老按揭貸款前，必須先預約與合資格的輔導顧問會面。在輔導期間，輔導顧問會講解安老按揭貸款的特點，提取安老按揭貸款的主要權益、責任及法律後果。在成功完成安老按揭輔導後，將獲發《輔導證書》一張。
第三步：正式申請	當獲發《輔導證書》後，便可正式申請安老按揭。同時，借款人必須於貸款起始日前完成一份健康問卷。申請一經批核，便可簽署按揭文件及其他相關法律文件。

來源：香港按揭證券有限公司

親子理財與退休的一些想法

春節過後有親友家中小朋友收到「可觀」的利是錢，想利用這機會教導他們理財觀念。筆者想起早前曾勸喻一些剛出社會做事的年輕人，要及早進行退休計劃及培養理財觀念，當中大部分都覺得言之過早，畢竟對他們來說，退休都是四十多年後的事，而由於初投身社會，收入較少，要積極理財就好像等同叫年輕人賺到錢不花。現在對着僅幾歲的孩童，當然不會問：「小朋友，60年後你退休後想過什麼生活啊？」但是筆者相信不論是對社會道德、人倫、親情的規範，還是對錢財物質的價值觀念，都應從小引導和培養，並透過生活的訊息潛移默化，所以這親友的及早教導意願十分正確。以下有幾個想法和大家分享。

意義在親情習俗

筆者小時候的利是錢常態是一元、兩元的「硬嘢」，間中有親戚長輩給10元的「軟嘢」就會歡喜雀躍，但印象深刻的是，曾經利是到手但衝口而出的説「又是硬嘢」後，給父親揪了個耳光。現代父母不再體罰，但仍要教導孩子這是傳統習俗、是親友給予的祝福和分享的精神，收到後不要即日拆封，避免説那個叔叔給多少，那個嬸嬸又多闊綽之類。但是孩子總會比較，可以對他們説：「寶寶，你愛媽媽不會用買給你的玩具多少來決定吧？如果是這樣，媽媽會很難過啊！」傳遞尊重、親情和無條件的愛的意義。

「3S」親子理財

有理財專家提出「3S」（Save, Spend, Share），即儲蓄、消費和分享的親子理財方法。從小養成儲蓄習慣之外，還要學習量入為出，父母每月發零用錢要事先和孩子説好如何使用。大多數理財專家都不贊成事事以金錢來作孩子行為的交易交換，但也可以設計一些任務遏抑即時慾望，讓孩子培養耐性和專注力，在完成任務後才可得到一些獎勵。

另外，平日可以和他們溝通有關生活上使用的收支原理（並非具體數字），例如爸媽要工作才得到工資，小朋友要讀書才有好成績，還有懂得分享，例如是玩具與別人一齊玩和合作會比一個人開心。想深一層，成年人的理財和退休準備其實也離不開這「3S」原則。

養兒防老的想法雖然或有點過時，但自幼培養下一代理財觀念還是非常重要。

回饋父母顯揚孝道

中國人有句老話叫「養兒防老」，可能受西方文化渲染，身邊朋友已不期望子女長大後「反哺」雙親。然而這不代表要讓孩子失去回饋父母、一盡孝道的美德。無論經濟上需不需要子女的支持，有他們的關注和支持是優質退休生活元素之一，這點不是那退休的三條支柱可以給予的，所以從小應讓子女有回饋父母、照顧父母的預備。作為父母，平日多與小朋友和老人家一起進行親子活動，讓孩子體會如何尊重上一輩，父母起到榜樣身教重要作用。

道理說易行難

筆者想起久遠以前，大學考試有一條試題，簡單的「什麼是金錢？」（What is money ？）已經可以叫人寫上句鐘，但洋洋幾千字也未必說得清楚。所以要教導孩子金錢意義和人生的價值是很難的事，特別是現在物質社會、享樂主義盛行的今天，很多成年人包括筆者自己，也會間中甚至經常迷失，追求經濟自由、放任消費，和朋友在臉書炫耀吃喝玩樂的經驗也混為一談。所以不論是親子教育或是計劃退休，什麼才是最合適自己和家人的生活，都要持續探討和反思。

MPF

第三章 /

形勢要懂掌握

世界局勢陰晴不定，東西方地緣政治角力、科技進步、社會文化移風易俗，都對投資環境構成影響，渺小的我們在浩浩蕩蕩的潮流中，必須順勢而為，才能乘上一趟順風車。

3.1

把強積金視作個人投資組合

強積金雖然常為人詬病為「餓你唔死，飽你唔親」，加上僱主在2025年之前可以其供款對沖遣散費或長期服務金，打工仔不能只依靠強積金作為退休保障。然而長年累月積少成多，強積金的滾存也不能不用心管理。試想想，供款上限以入息已提高至3萬元計，若以僱主加僱員以上限為基礎，每月合共供款3000元，一年就有3.6萬元的儲蓄。若以一般入息1.5萬元的打工仔為例，每月僱主加僱員合共供款1500元，一年都有1.8萬元。供款10年都有18萬，還未計投資回報和工資增長對供款的增加（當然也未計通脹影響）。截至2023年12月積金局公布數字，5年期年率化回報範圍，股票基金分別是由-8.65%至9.12%，債券基金是-4.08%至1.73%，貨幣基金是0.24%至1.62%，以回報作比較，投資得宜與否的影響都有成萬元的上落。

投資選擇不足但也可靈活運用

現在香港的強積金計劃有41個，合共提供超過400個核准成分基金，類形包括混合資產基金、股票基金、債券基金、強積金保守基金、保證基金、貨幣市場基金及其他基金。雖然在數目和種類選擇上遠不及投資市場可交易的基金，但在2025年積金易平台實施後，實現全自由行，成員可以自由調動累計權益或轉移他們的積金結存至其他供應商的計劃。既然成員可以選擇，就要明白投資的方法和原理，把強積金作為個人投資組合的一部分或一個元素。例如，到了接近退休年齡，可以把強積金作較大比例的部分轉為債券基金投資，視作風險較低但回報較穩定的元素，配合個人在股票市場的投資（風險較高，但潛在回報亦較高），這樣與其他投資工具互補配合，靈活運用，建構個人的全面投資組合，達至個人理財目標。

好好管理個人強積金

投資強積金有一定的限制，和市場買賣的基金不同，所以不可以把強積金的累積成果等同自己的現金一樣處理，在管理個人強積金時應注意以下數項要點：

1）慎選受託人及計劃：

了解收費成本、基金選擇、過往表現、服務質素、轉調的手續和限制。特別是當全自由行實施後，就不用受制於僱主的指定選擇。

2）管理個人賬戶：

整合個人賬戶，不要保存太多個人賬戶，適度行使「僱員自選安排」的轉移權。這樣可以集中資源投資、減少行政支出和個人去處理太多賬戶的時間。

3）了解自己的投資需要：

明白自己在人生不同階段的財務狀況，以及長中短期的投資需要，訂定理財計劃和目標，有紀律地執行及定期檢討。

4）配合其他投資保障工具：

認識不同投資工具的性質和原理，例如房地產、股票、ETF、儲蓄計劃、安老按揭、年金、外滙、黃金等等，與強積金配合使用建立多條退休支柱。

在個人的退休組合內建構安全的保障，不論是揀選強積金還是投資金股滙，都要多做功課，多留意經濟新聞時事和考慮新的投資工具的利弊與風險，忌人云亦云、羊群效應，不明白就不要輕率做決定，急功近利的盲目跟風行為很容易會引致損失，把辛苦的積蓄消耗。

FinTech年代積金易無限想像後記

筆者在2019年2月23日的《信報》中發表過一篇名為〈FinTech年代積金易無限想像〉一文，內容指出大眾對積金易平台如何有效配合取消對沖後的全自由行及如何更好讓供款人打理自己的累積權益充滿期望，筆者更建議把這平台進一步包括家庭主婦或一些不在強積金供款人定義內的市民，變成全港市民的退休平台。

支援真正自由行

積金局在宣傳這積金易平台時也強調僱主和僱員都會因更方便而受惠，僱主方面也可為僱員作供款，利用電子平台減少以書面形式處理強積金事宜的時間和行政成本，僱員則可更靈活管理賬戶，自由選擇供應商和調配供款，做到真正全自由行。

現在的FinTech科技一日千里，流動支付工具加上大數據和人工智能的發展，不論在投資領域或者是公共財政管理上要做到涵蓋全民，例如把那些並未納入強積金的人士的退休保障，包括家庭主婦、非指定行業的散工僱員，甚至是退休後再就業的員工和學生暑期工等等，以自願或其他形式參與這「積金易」計劃，作為香港人的退休保障系統，令所有香港人受惠和方便政府管理。

另外亦可以增加投資、儲蓄和其他保障的選項，例如是受託人可夥拍指定銀行提供定期儲蓄、醫療保險、年金或其他非強積金的投資計劃，或者可用部分權益作首次置業的首期貸款或作抵押。還可以由政府向成員提供類似中央公積金的全民退休保障、甚至把這賬戶統一的變成綜合社會保障戶口的可能性等等。例如政府向全港市民發放電子消費券、特別的支援金、認購政府債券，政府財政有盈餘要派錢、甚至交税都可以這綜合戶口處理，減少行政費、印刷表格和時間的成本，就真正的利用好科技方便市民。

筆者當然明白當中的複雜性並非來自科技，而是既得利益的政治性和涉及行政責任、退休和福利政策的問題。

雖然現在期望「積金易」能做到以上的功能已不切實際，但是社會總要向前走，科技的進步為人類帶來方便和更好的生活，創新往往都是來自超乎現狀的想像、大膽的去試去闖。在FinTech電子金融科技年代，希望「積金易」不會一面世就落伍，過幾年又要花錢花時間去更新、增加用途和功能去滿足持份者的要求。市民得到的服務不是受限於科技，而是受限於當局、政府和那些政策倡議者的有限想像。

3.3

搭一趟
百年變局的便車

讀歷史看唐代有貞觀之治、宋朝的繁華和經濟文化成就、清朝的康乾盛世，都是中國在世界上最強大的時代，而現在我們正處於一個世界百年未有的大變局，這一代人有幸見證大時代的轉變。對於創業者尋找新商機或打工仔進行職業生涯規劃都有啟示，新的市場、新的僱傭關係、新的生產技術和工作模式雖然存在不確定性，但同時也提供了以前沒有的機遇。重點是自己是否有足夠的眼光、準備和能力去分辨和把握得到。這新時代大變局的形勢，一般市民被動地參與其中，個人力量不足影響這浩蕩潮流，反而筆者的意思很簡單和很功利，就是從了解大趨勢並順路搭一趟便車、拿些少國家發展的紅利而已。

我們正身處百年未有的大變局中，必須分清「變」與「不變」，順勢而為。

百年大變局是由國家主席習近平所提出，是指當前國際形勢發生深刻複雜的變化的大趨勢和大變局，包括：國際格局和地緣政治力量的重塑、經濟全球化、信息化、生態環境、科技創新、社會文明多樣化的發展。以上各項不是簡單的宏觀因素的發展，而是社會上一些「範式」(paradigm)在轉變而導致的變化，即是遊戲規則正在改變。

什麼在變？

1）東升西降：

政治、經濟、文化傳統以美、英、西歐為主導的世界局勢已經改變，在政治影響力和世界經濟發展動力由傳統的西方國家轉向東方發展中國家，印度、東盟十國、亞洲、非洲國家和中國，所以投資比重也可以順應這趨勢作出分配。

2）規則的重塑：

以前西方在很多不同的領域上都是規則的制定者和得益者，但是近年在不少議題，例如中東的地緣政治關係、一帶一路倡議、全球化與逆全球化的角力、人民幣在國際交易中的地位提升，全球供應鏈的整合等等，都有重大改變。這些變動甚至是在主導的角色和遊戲規則制定上，所以要持續關注這些變化而調節投資的策略和比重。

3）先進科技的發展和使用：

幾年前，華為由於在5G技術領先美國同業，所以美國出動國家力量去打壓華為以至中國芯片行業，中國被迫在芯片技術走自己道路，在2023年華為終於重返5G手機市場更在芯片技術發展有突破，走向5.5G，這不單是手機技術而是新一代的移動通訊和網絡科技。另外中國在新能源汽車領域又是世界領先，這兩項只是例子，還有很多行業上的科研轉化成生產技術和產品，加上龐大的市場，造就前所未有的機遇。

4）突發事故的衝擊：

一些事件在沒有預期下發生或者沒有像預期般發生，例如2022年的俄羅斯與烏克蘭戰爭造成歐洲的能源危機和通脹、2023年以色列和巴勒斯坦的戰爭造成的人道悲劇，另外每隔一段時間在新興市場發生的金融泡沫、在中國的房產債務危機、以至新的病毒疫症或極端天氣等等，都可能觸發市場巨大的波動，影響大家的投資以至日常生活。

如何搭乘便車？

1）生活改善，國家安全：

當看到世界各地的戰爭、軍事衝突或者是民間的罪案，都會感受到自己受國家的保護的安全感。在國家安全下才能好好發展經濟，而經濟富裕最能夠在物質條件的改善中體現，當市民在物質生活豐富和有眾多選擇、有閒時和閒錢去旅遊，去享受閒暇生活，這都是無形的紅利，而大部分人不察覺，只是覺得理所當然。

2）投資增值：

房地產、中國股市和創業的商機處處都有，從宏觀方向上看，國家的政策例如粵港澳大灣區、一帶一路等大方向是正確的，成功是沒有懸念，然而在微觀揀選那個屋苑或那隻股票的決定上，有些人把握到機會有些卻敗興而返，例如在股市大升時也會有個別股票下跌，這時就要考個人的眼光與做的功課有多深了。

3）創業、就業和退休的選擇：

新的消費市場與模式、新的工作關係例如是自由工作者一族、網紅、及新的工作方法，例如是人工智能帶來的機會，還有的內循環政策，加上有4億人的中產市場，在個人服務、健康護理、悠閒消費等有不少就業或創業機會。而大灣區個別城市綠化率高，在語言文化、生活習慣上也與香港接近，更被打造成宜居城市，特別適合退休養老。

過去聽到很多有關國家過去如何由一窮二白發展到現在成為世界第二大經濟體或香港的金融中心在國際上有多亮麗的報道，然而對一般小市民來説這些都是數字，都不及能夠親身體會到的獲得感、幸福感和安全感。國家發展的策略和香港在發展大局中的定位都是公開，個人可以從發展中獲得多少利益或者是如何搭一趟發展便車，就得靠個人的準備、爭取和發揮。

3.4

低慾望社會

社會文化因素會影響投資環境和資產配置的決定，在華人文化中傾向安居，所以投資物業也較西方國家普遍，加上中華文化也有積穀防饑的農業社會價值觀，所以中國人或香港上一輩的儲蓄率也特別高於西方。然而社會文化一直在變，新一代流行的與上一兩代所認同的未必連貫，因此在投資的取向上會有差異。所以在計劃退休時都要認識自己的價值觀和人生目標，特別是近年流行的「躺平主義」或「低慾望社會」，會不會令人只顧目前而不去想退休生活的打算而改變了退休的心態、生態和規劃。

躺平主義與低慾望社會

「躺平」原本是網上潮語，指一些人出於對現實環境的失望，選擇放棄奮鬥、不求上進、不追求社會普遍認為應該要有的目標，生活上只維持基本生存標準的處事態度。「躺平主義」即提倡不加班、不買房、不買車、不結婚、不生孩子、不消費，揭示這對工作感到的無助和對生活的無力感，導致產生與其為滿足他人而艱辛奮鬥，倒不如為自己瀟灑而活的「躺平」態度。

低慾望社會由日本的策略大師大前研一的《低慾望社會》一書而來，內容主要分析日本年輕一代，在職業生涯或者是生活的追求上缺乏自我推動力，不追求名牌和物質上的擁有，住在父母家中平日只吃一個杯麵，在職場上也不願去努力發展，即是躺平一族的日本版。

大前研一的《低慾望社會》描述了「躺平」現象，對投資環境影響不可不察。

不論是躺平主義還是低慾望社會，這種態度可能對退休的心態與生態產生以下影響：

消極心態：

退休的心態可能變得消極、灰暗、無望，因為躺平主義者沒有對未來的期待和計劃，也沒有對社會和國家的責任感和歸屬感。他們可能覺得自己一生都是被動地接受命運的安排，沒有實現自我價值和夢想。

儲蓄不足：

退休的資源可能變得匱乏、不足、不穩，個人可能缺乏意識和動力去儲蓄足夠的資金以應對退休期間的生活費用和醫療費用。他們可能更傾向於即時滿足，而忽視了長期的財務安全性。

退休生活質素下降：

低慾望社會中的個人可能對退休生活的質素沒有高期望值。他們可能不願意投資時間和資源來規劃一個豐富、充實的退休生活，而選擇接受較低的生活質量。

生活單調乏味：

退休的生態可能變得單調、乏味、孤寂，因為躺平主義者缺乏社交和娛樂的需求和能力，也缺乏健康和積極的生活方式。他們可能只是在家裏打發時間，沒有興趣和愛好，也沒有親友和伴侶。

社會福利壓力增加：

如果社會普遍缺乏退休計劃的意識和行動，那麼政府和社會福利機構可能面臨更大的壓力，需要提供更多的福利和援助給缺乏退休儲蓄的老年人群體，可能面臨經濟困難和醫療風險。

然而躺平或低慾望社會也不是一無是處，可能有以下幾項優點：

生活簡樸減少消費和浪費，節約資源和能源，減少環境污染和氣候變化的影響。

減少因比較和競爭而產生的壓力，避免過勞和抑鬱等心理問題。

減少對物質的追求，或會增加自由和悠閒，培養興趣和愛好，發展個性和創造力。

促進平等和協作，減少衝突和暴力，維護社會和諧和穩定。

以上的優點都是一些推論，正如有學者擔心若社會大眾喪失上進心和動力，缺乏挑戰和刺激，經濟就會陷入停滯和退化。躺平心態也會減少投資和理財機會，失去職業技能和競爭力，面臨未來物價上漲和滙率波動的風險，缺乏退休後的社交和娛樂活動，社會則面臨其他上進的國家的衝擊和取代的挑戰。

總而言之流行的文化和普遍認同的價值觀主導了對生活的追求的心態，政府常鼓勵大家的「獅子山精神」源於六十至八十年代香港人那種刻苦耐勞的拚勁，但到了廿一世紀，九十後或千禧代對「我哋大家用艱辛努力寫下那不朽香江名句」就似乎沒有上一代的共鳴。這裏不是批評那個年代或比劃誰較優勝，而是想指出價值觀一直在變，老一輩覺得後生仔女不像他們那代如何如何，後生一代也會覺得上一兩輩人怎樣怎樣。躺平主義與低慾望社會具體如何影響個人和社會，特別是退休準備和退休生活，還待更多科學的研究考證，但社會上這些關於工作和生活的價值觀已不知不覺間影響了大家的退休態度和選擇。

3.5

AI與退休

早前 ChatGPT 引起一輪的熱潮，而Google 新出的 Gemini 被認為更強大和更具影響力，還有不少類似或衍生的應用程式不斷推出，人工智能（AI）其實不是新鮮的議題，筆者印象較深刻的是於1960年代拍攝的有關人工智能引起危機的電影《2001太空漫遊》，雖然只是科幻電影，當時的科學家已意識到人工智能潛在問題，但是他們應該沒法想像在今天的AI的發展程度。在投資領域方面，早年的程式投資也應用了電腦計算財務模型，但今時今日的AI已不局限於硬套的程式。它的應用已經開始影響投資者的投資方法、心理、習慣和投資市場的產品以及經營模式，然而，對於退休或即將退休人士、退休計劃和退休生活的影響似乎未有太多的研究，不過隨着AI的普遍使用，相信新的面貌將會出現。

AI已經在許多領域中得到了廣泛的應用。例如：無人駕駛汽車、人臉辨識、機器翻譯、聲紋辨識、智慧客服機器人、個人化推薦等等。然而AI在退休計畫中的應用還比較有限，有一些潛在的應用場景也有待優化，例如利用AI在網絡上運用大數據模型收集資料，加上機器學習和自然語言處理技術，對於退休理財和退休生活可以有幾個方向的發展：

投資理財：

快速為客戶建議理財和投資方案，考慮到用家的退休需要和其他條件因素而幫助投資者或計劃退休人士制定個人化的投資策略和個人化的理財計劃。

風險管理：

幫助金融機構或個人在收集個人對風險的敏感度、年齡群組、退休目標等，對比市場風險數據，分析和確定風險、更好地識別和管理風險。

客戶服務：

運用智慧客服機器人或智慧音箱，透過與它直接對話回應客戶問題，幫助金融機構更好與客戶溝通，提供快捷及全面的客戶服務。

健康護理：

利用智能診斷幫助醫護人員更好地了解長者的需求和行為就能更快地診斷疾病，而智能輔助幫助長者更好地管理自己的健康，並得到及時的健康建議。

遙距監察：

在長者居住地方裝置或身上配帶儀器實時監測如心跳率、血壓的數據，幫助醫護人員或長者個人第一時間知識長者的身體狀況，幫助醫護人員更好地照顧長者。

對於退休計畫管理人員，AI可以幫助他們更好地預測未來的市場趨勢，以便更好地管理投資組合。此外，AI還可以幫助計劃管理人員更好地了解參與者的需求和行為，例如供款習慣和風險的承受傾向，以便更好地為客戶提供服務。

雖然以上說了很多關於人工智能的優點，但是它也有一定的風險和局限，例如大多數大型語言模型都是使用互聯網上的開源數據構建的，這讓人無法追查及驗證數據來源和準確性、演算模型的設計亦會影響AI所蒐集的數據是否全面和有代表性，因而影響提供的方案。雖然說人工智能有自我完善的機制，在學習電腦第一課的時候有句原則garbage in garbage out 即是「垃圾進垃圾出」，在人工智能上一樣應用。

由於目前還沒有太多關於AI對退休人士、即將退休人士、退休計劃和退休生活影響的研究報告，以上只是按現況而作出的一些推論，但筆者深信科技在不斷的進步和突破，在可見將來，人工智能在投資理財和退休計劃、退休生活方面會有更多應用和可能，不論是從業員、投資者或用家都要持續留意這方面的新發展。

3.6

自由工作者的退休保障

與幾位不同行業的工會領袖談及自由工作者的權益問題，當中有討論合約條件、工傷意外、勞工福利和退休保障等等。有較技術的議題，例如是僱傭形式和「4118」即連續性合約的應用，也有較心理性的考慮，例如自由工作者的心態與意願。雖然沒有最終結論，但是大家對自由工作者都增加了認識。然而提到退休保障，這裏有些想法可與讀者分享。

自由工作者雖然存在已久，但是因為Gig Economy「零工經濟」在新科技的應用、職業生涯態度和經濟模式轉變影響下，令這種勞動關係更普遍。百度百科稱「自由職業者」

屬自僱人士，維基百科英文稱為freelancer，是以自僱或為不同的僱主做兼職作為界定。近年社會流行的「斜槓族」若以聘用形式界定，也算是自由工作者，但他們較強調的是心態追求自主自我。另一種是僱主因規避強積金或稅務責任，而強迫以兼職或「假自僱」方式聘用的工作者，當然談不上是自由。

不同工種保障需要有別

從行業種類來說，不論是高技術、高知識含量還是以體力勞動為主的工作，都可以找到零工經濟的例子，如程式設計編碼、藝術創作、演藝文化、網絡主播、翻譯寫作、運動教練、美容健體、興趣班導師、保險或獨立理財顧問和外賣速遞等等。不同工種或行業的自由工作者所面對的保障需要也有分別，可用不同的進路或構面分析，例如「自願對不自願」、「自僱對受聘」、「持續對臨時」，甚至「合法對不合法」等等。這裏不展開討論，反而想說說自由工作者的退休保障。

筆者2019年在《信報》也談過「斜槓族」的理財，建議他們要主動為醫療、意外和退休保障作打算。疫情令不少自由工作者停工停業，更突顯購買醫療保險、加入強積金自僱人士計劃和儲備應急現金的重要性。

加深認識不同工具方案

長遠而言，政府和工會組織可考慮新型勞動關係的普通性或個別性，以制定福利支援政策，強積金管理局也應就自僱人士計劃作檢討，加強彈性和選擇，但個人對自己的未來仍要負上第一責任。從積極方面來看，個人是以財務自由實現理想，所以不論是自由工作者或受僱人士，都應該好好認識不同的保險和投資工具或方案，例如各類型保險、公共年金、逆按揭、利息或股息的收入，甚至移居到生活指數較低的大灣區等等。

及早進行財務自由規劃

今天說工作的目標不是單單為錢，對於一部分失業或處於貧困狀況的朋友來說，就可能是較奢侈的想法，然而我們追求理想時，總要及早為將來打算，年輕時應開始培養正面的心態，持續學習裝備自己，應付環境的改變和新的問題，並進行財務自由的規劃，到退休時就有足夠的醫療保障和持續的正現金流，以支持生活和享受自己的成果。

自由工作者需及早為將來打算，並進行財務自由的規劃。

3.7

斜槓族理財退休

每當經濟轉差，身邊一些朋友工作上有所改變，有些被裁員、有些則因公司結業而失業。他們當中有中產階級也有基層人士，為了生活被迫要轉行或接受比以前工資低的工作。有些找不到長工要做兩份兼職散工作來維持生計。幸好朋友性格樂觀，甚至自我調侃是超齡「斜槓族」，還說捱多幾年當子女大學畢業後，自己可以退休又或者找到與他們一起分享創業經驗和心路歷程。接近退休年齡才開創第二事業是好是壞，或者在工作模式上有大轉變，應該如何去適應和面對，筆者也有些體會。

嚮往工作自由自主

斜槓族（Slash）是近年潮語，形容一些人在職業生涯上與傳統的選擇一份固定職業的觀念不同，他們嚮往工作自由和自主，做自己有興趣的工作，為了經濟收入可能從事超過一份兼職或以自僱人士身份經營自己專長或有興趣的事業。不要以為斜槓族很逍遙自在，有些人為了生活或財務上支援自己的興趣，他們的工時比起返朝九晚六的工作更長，也沒有假期和固定休息日。

這些斜槓生活，筆者倒有不少經驗。早在十多二十年前，為了盡早得到財務自由、改善家庭生活，除了正職外，還有數份兼職工作，由於「好為人師」，所以兼職都以在大專院校的教學為主。後來索性辭去正職，以多份兼職和創業代替，期間也有進修，以至每天工作十多小時，一星期七天如是，年中無休好幾年，與朋友甚至家人的社交生活幾乎斷絕，幸運的是有太太支持和鼓勵。今天筆者仍然是身兼數份「炒散」工作，但比以前輕鬆多了，生活雖然比上不足但總算是不愁衣食，還有閒餘做義務工作回饋社會。

大家可能質疑以上只是為口奔馳，不像真正斜槓族為興趣與理想而活。然而人人都有自己的追求，理想不一定是宏圖偉業或興趣，為了改善家人的生活都可以是不簡單的理想。是否「斜槓」並不重要，最重要的是對生活、工作、退休以至人生的態度和面對逆境時有合適心態意志去面對和解決困難。正如尼采説：「一個人知道自己為什麼而活，就可以忍受任何一種生活」。當然忍受逆境不是目的，享受人生才是宗旨，如何享受則因人而異。

宜有持續正現金流

作為斜槓族或自僱人士，個人和家庭的安全網很重要，因為沒有僱員福利，便需要自己先作打算，例如醫療保險、強積金自僱人士計劃、利用年金製造正現金流、進行財務自由的長遠規劃、還有臨時應急的現金儲備等等都要準備好。如想在50歲退休，而以香港平均壽命80歲作假設，在退休後要準備30年生活開支，若要在50歲儲到往後30年的開支然後「慢慢搣」30年，這樣的計劃並不容易也不一定實際，所以財務自由的目標不是單單的儲一大筆錢，而應該是有持續的正現金流，例如是年金、逆按揭、利息或股息的收入等等。

外國在金融海嘯期間曾經有人提倡「FIRE」運動（Financial Independence, Retire Early）即是財政獨立、提早退休。參與者改變生活態度，過一些簡約節儉、戒掉購物慾、提高儲蓄、做兼職、學投資等，希望累積足夠的資產去產生被動收入（Passive Income）來維持提早退休後的生活開支，這些做法正正和上面說的財務自由原理一樣，名稱不同而已。其實這觀念正正是筆者一直提倡的提早退休的理想，這FIRE在媒體報道上熱過一段時間但也不是太「火」紅，可能與其中的一些改變生活的要求較難實施有關，不過仍然甚具參考價值。

在中年時期遇到轉變，特別是接近退休年齡開創第二事業，是被迫還是主動做斜槓族都不一定是壞事，最重要的是調節心態、學會時間管理和分配資源、注重健康關顧家人，計劃好所需要的資金和現金流，達到財務自由，這才能做個逍遙快樂的斜槓族。

3.8

重視 家庭主婦的退休

一般機構要求員工的退休年齡是60至65歲，而強積金取回供款的年齡是65歲。不論到退休時累積的強積金夠不夠用，都算有一筆現金支持生活開支。但對於全職家庭主婦，她們既沒有退休年齡，也沒有退休保障。主婦們為了家庭省吃儉用，子女年幼時要照顧，忙忙碌碌把青春奉獻，到子女長大仍要主持家務和照顧老伴之外，有些還要照顧孫兒，沒有退休年齡。至於退休保障方面，子女長大有他們的負擔，傳統的養兒防老似乎靠不住，但家庭主婦又沒有強積金，靠的就是平時的儲蓄。

在2018年10月香港存款保障委員會公布一項儲蓄習慣的

調查，結果顯示七成受訪香港人有儲蓄習慣，當中每月平均儲蓄7000元，而家庭主婦則儲蓄約4000元。筆者問過身邊一些朋友，一些中產的專業人士朋友，不計強積金都是儲三四千元左右，至於一些年輕文職朋友則大多數是月光族，雖然説很想儲蓄但收入少開支大，有心無力。當然隨便問幾個朋友的結果並不科學，但相信積穀防饑這傳統價值觀仍然影響大家，所以中國、日本或東南亞的一些國家都比西方，特別是美國的儲蓄率高。

主婦儲「私己錢」有原因

調查另一個有趣的發現是有關儲蓄「安全感」的水平，一般香港人則認為約需有72.5萬元儲蓄，而全職家庭主婦認為平均需要約50萬元儲蓄。理財策劃師經常建議要儲存3個月至半年的開支準備，其他的資金可作投資用途。一般家庭，50萬可能是兩三年的開支，如果這筆錢當作是家庭主婦的退休準備，就很明顯不能應付20年的生活。這也可能解釋到接近三分之一受訪家庭主婦表示有「私己錢」的原因，但是平均每月約3500元的「私己錢」是否足夠，和如何增值卻是要關注的問題。

男性或職業婦女在退休後離開全職的工作崗位，生活和休閒的時間多了，撇開財務狀況和安排，退休生活的幸福感就取決於如何能運用這些休閒時間，例如旅遊、與親友相聚、學習興趣班、做義務工作或者再就業創業。然而全職家庭主婦就在退休年齡後仍然都是家庭主婦，似乎一切如常。只有是老伴退休後，多了相處時間，但是會否像日本一些奇怪現象，就是日本家庭主婦過慣了丈夫不在家中的日子，一旦丈夫退休在家，打破了以前的規律性和自由，反而增加了摩擦，甚至離婚收場。

女性長者獨居時間更長

另一問題是，女性的平均壽命比男性長，據資料，香港女性平均壽命87.66歲，男性平均則為81.7歲，相比日本女性平均壽命為87.26歲，日本男性平均壽命為81.09歲還要高一些。這意味着女性長者可能要面對更長、更獨立的生活，所以除了住宿生活和財務的安排外，更要注意年長婦女的心理安全感需要，特別是家人的關懷和社會政策的支援。

家庭主婦在經濟發展中擔任不可代替的角色，職業婦女雖然釋放了家庭中勞動力，家庭主婦卻發揮了照顧家庭穩定社會的功能，所以雙職婦女更加令人敬佩，此外家庭主婦更有承傳價值觀的作用。 譬如在一部武俠小説中，讀者嚮往大俠、英雄、美女，而可能忽略一名鄉村貧婦，粗手大腳，在雪地荒野誕下兒子，在艱苦生活中教導他簡單的做人道理，在兒子面對忠孝兩難存時，慷慨就義，成全了也成就了兒子為一代大俠。普羅家庭的主婦沒有小説中的俠義情節，但是在家人心中，她們永遠都是主角，生活就是故事，你和我每個人都是作者。在這裏向武俠小説大師致敬，也感激生活中的每名主角和作者。

3.9

人口老化與健康護理基金

早前有一名長輩親戚因魚骨鯁喉，醫生建議轉介私家醫院做一個十數分鐘的小手術，單單手術費已是兩萬多元。月尾信用卡要找數，太太告知買了些美容護理服務，盛惠又是兩萬多元。與友人閒談間也發現，自己和朋友多用了保健產品，由薄薄一塊的腰酸背痛貼至營養補充食品無所不談，原來我們不知不覺已邁入銀髮階段。

常聽到全球人口老化正在加劇，據一項研究顯示，由現在至2029年，在美國每天約有1萬人年齡達65歲。在香港65歲及以上的人口比例將由2010年的13%上升至2039年的28%，屆時每4人中就有一人是65歲以上的長者。雖然現在大多數學者都不認為「馬爾薩斯陷阱」（即全球人口急速增加，糧食生產供不應求，人類陷於饑荒和戰爭等災難中）會出現，但是人口老化對社會及產品市場的確造成一定的改變，是危是機則看如何轉化。

康健護理基金表現出眾

給讀者這些資料是想指出，醫療健康護理行業或產品的需求不斷上升，單是觀察一下市場上有不同的健康護理產品推陳出新，及在各式媒體上的廣告宣傳，已可略知市場的龐大。除了個人有需求購買這些產品外，在投資上醫療健康護理行業也是不錯之選，搜尋一下零售基金，表現排名頭幾位有關健康護理的基金一年回報達26%至36%。

強積金中，以健康護理為主題的只有宏利MPF「康健護理基金」。此基金於2008年成立，推出至2023年3月，回報有173.86%，基金資產值為423億元。這基金過去1年及3年回報分別為10.21%及 6.83%，風險指標為14.79%。健康護理業的領域甚廣，這基金的投資分布為：藥物製造（41.1%）、醫療設備（19.4%）、生物科技（11.9%）、康健護理供應商（12.6%）、藥物零售商（2.9%）等。至於基金10大持股公司則包括不同國家的企業，由此可見所投資的項目是世界性及較為全面的。

宏利MPF康健護理基金10大持股（截至2023年3月）

1	**UnitedHealth Group Inc.**	6.96%
2	**Eli Lilly and Co.**	5.95%
3	**Novo Nordisk**	5.11%
4	**Thermo Fisher Scientific Inc.**	4.70%
5	**AstraZeneca PLC**	4.28%
6	**Merck & Co., Inc.**	4.14%
7	**Regeneron Pharm. Inc.**	3.63%
8	**Gilead Sciences, Inc.**	3.59%
9	**Johnson & Johnson**	3.22%
10	**McKesson Corp.**	2.89%

人口老化是全球性問題

為康健護理業帶來利好的因素包括：

- 全球人口老化持續，例如在2023的《世界人口評論》報道中，摩納哥以平均壽命為87.01歲成為世界上預期壽命最長的國家（地區），第二名是香港，平均壽命85.83歲，第三是澳門（平均85.51歲），而日本則跌至第四，平均84.95歲，世界人口平均壽命延長自然對老年相關的產品服務需求也增加。

- 癌症、慢性疾病和與年老相關的疾病增加，對藥物及護理產品服務需求也相應增加。

- 除了西方外，中國由於早年的一孩政策也漸現人口老化，根據國家統計局發布的數據，2023年2月份，全國60歲以上老年人口達2.8億，佔總人口的19.8%；65歲以上老年人口達2.1億，佔總人口的14.8%。日本和歐洲的人口老化的情況也很嚴重，所以市場不是集中某一個國家，而是世界性的。

- 各國政府傾向把醫療康健服務的責任推向個人，形成龐大市場需求。

這行業面對潛在不利的因素：

- 醫療成本上升，如果各國政府把醫療康健服務的責任推向個人，令一些沒有在壯年準備退休的市民增加支出，甚至不能負擔醫療康健服務。

- 對於藥物的研發，在時間及金錢的成本上都很巨大但失敗率也高，投資在這些公司之上的風險也不少。

強積金以外的選擇

由於這「康健護理基金」有90%以上資產是投資在公司股票上，所以都有着其他股票基金所面對的股市風險。另外雖然在零售基金市場上有不少關於醫療健康護理行業的基金，但在強積金市場上就只得宏利這一隻，所以讀者在選擇時除留意風險外，還可以用零售基金作參考比較，不一定把投資局限強積金的選擇。

人口老化讓醫療健康護理行業或產品的需求不斷上升，讀者在選擇相關基金時宜多比較。

第四章／養老可以選擇

退休是一種選擇，每個人都應按個人條件來選擇退休的年齡、安享晚年的地方和生活方式，但怎樣才能有更多更好的選擇？ 一旦理想選擇面臨局限時，又應該用什麼心態去迎接？

4.1

想在幾多歲退休？

退休有選擇的其中一項是選擇在什麼年齡退休。很多人因為工作的機構規定而決定什麼時候退休，但如果符合一些條件，退休年齡不一定是被動地受某機構限制。當然在什麼時候退休是一個重要的決定，也須要考慮各種因素，例如個人健康、家庭或財務自由等。以下籠統把退休年齡劃分為提早退休（55歲以下）、通常年齡退休（55-65歲）和延遲退休（65歲以上）3個組別來考慮各自的優點和缺點，以及每個組別都應該有的準備。

提早退休享受人生

提早退休自然就有更多時間去享受退休生活，同時選擇在壯年退休，也可以讓人有較好的體魄和精力去利用這段自由時間，例如追求個人興趣、愛好、做義務工作甚至是開展第二事業，尋找新的挑戰和激勵。提早退休可以在工作或成就高峰期離開，而不是在工作上感到倦怠，做到「無癮」、意興闌珊或有心無力的那一刻離開工作。

提早退休的條件是需要更多的財務準備，因為需要支撐更長的時間。另外要事先與家人商議，得到伴侶的支持或配合，否則自己已經退休但是伴侶還每天如常工作，相互可能產生矛盾。還有要考慮發展新的社交關係，因為與之前工作的社交圈子會因離職而縮小，當大部分同齡朋友仍然在工作，莫說要約他們去一趟長途旅行，就算吃頓下午茶也不容易。所以提早退休對個人要求是要很清晰知道自己要做些什麼和有計劃如何運用更長的退休後的時間，否則就要適應改變後的生活作息習慣。

按機構指定年齡退休

大部分人會在所謂的通常退休年齡退休，主要因為要按照機構所定的退休年齡才可提取退休福利，例如長俸、公積金或醫療福利，如果提早離職就會失去全部或大部分的福利。選擇在這段時間退休的好處是有較明確的退休日期，在財務目標上較清晰和有較多時間去準備，預計在指定年齡退休積極看來是有較長的過渡期去適應退休生活，社交上同年齡組別的朋友也相繼退休，可以參與社交活動，維持社交聯繫。

然而工作到通常退休年齡前仍需要繼續面對日常忙碌的生活。另外除非及早關注健康狀況，否則可能要面對一些健康問題，這可能影響退休後的生活質素。也有一些人可能因拖延而未能做好退休計劃，這可能導致退休後的財務和適應困難。

延遲退休有主動被動

香港有不少人延遲退休，在某機構退休後在同一行業找一份新的工作或者轉行做其他職業，又或者在同一機構延長退休年齡或安排做其他近似職位。每人的理由都可能不同，有些是因為經濟需要，有些是不適應退休生活要繼續在職場上找尋意義或簡單的打發時間。

延遲退休的優點是繼續有經濟收入，繼續工作可以提供身心活躍的機會，有助於在社交和心理上延遲老化，加上可以繼續發揮個人的經驗和技術。但是年長者的精神和體力未必如前，也可能會面臨更多的健康問題，而工作或業績的壓力延續可能有負面影響。到了真的要退休時，身體健康狀況轉差，可能已經不能好好享受退休時間。

總而言之，無論選擇在什麼時候退休都應該要有足夠的財務保障、醫療和長期護理保障、社交和心理上的適應準備。重要的是，每個人都應該根據自己的個人情況和目標來決定最適合自己的退休年齡。對於退休計劃和準備，可諮詢財務顧問和職業生涯規劃專業人士，提供更具體和個人化的建議。

強積金與人生7個階段

人生有主動計劃的部分，也有不能預計被動的境況，就如強積金一樣，身邊不乏朋友對強積金感到無奈，原因是不自願的在薪金中被取走一部分，還要在數十年後退休時才可以取用。與其消極放棄，倒不如既來之則安之，甚至可以用積極進取的態度好好管理這筆投資，在人生的不同階段，化被動為主動，把抱怨轉為積極能量。市面上有不同版本的人生理財階段，筆者較喜歡7個階段的說法。

一般人的人生可以分為7個階段：

1）依附家人期（18歲前）

仍然是少年求學階段，沒有收入，要依靠家人生活，也談不上供強積金。但是做父母的可以開始為子女打算，教導小朋友正確的理財觀念，培養儲蓄習慣，也可以為子女買些升學基金。

2）初出茅廬期（18至25歲）

年輕人剛開始進入社會工作，有些要還讀書借貸，有些則因為放任的消費成為「月光族」，甚至濫用信用卡消費。強積金正好在這時期把5%收入自動儲起，由於還有四十多年時間才可動用，加上年紀輕較能承擔風險，可以揀選一些風險高的股票基金，希望獲得較高回報。除強積金外，年輕人也應了解個人收入與支出的習慣，早些起步積累本金，提高儲蓄率，為日後繼續升學、結婚、置業或投資做好準備。

3）事業發展期（26至30歲）

在職場上打滾了幾年，積累了一定的工作經驗與人脈關係，這時期薪金會好一點，但也忙於兼顧愛情、工作甚至進修，不是入不敷支，也會是因個人消費而頭寸緊絀。這時期的強積金累積不多，以月薪1.5萬至2萬元計，5年時間連僱主供款約有9萬元，投資方向仍以高風險為主，但應注意回報而作出轉換。個人理財方面應考慮強積金的不足，供一份年金或投資相連保險可為日後作準備。

4）蜜運成家期（31至35歲）

這個階段的打工仔已工作10年，正在籌備家庭或剛結婚，但是還未有孩子的時期。不少家庭把資金放在房產上，每月有供樓壓力，現金資產不多。個人收入可能已到2萬以上，每月強積金供款約1000至1500元。累積了的強積金約有20萬元，這時期距退休還有二十多年，所以仍是以高風險基金為主。要注意的是拍拖、生活上的開支，建議量入為出，節制使用信用卡，及減少不必要使費。每月開支已有一半用於供樓，另外有10%至15%用於強積金及保險費用，應趁身體健康買一份醫療危疾保險。

5）家庭成長期（36至55歲）

家庭增添了孩子樂趣，這也是人生成熟精壯之年，收入穩定，也可能有事業上的突破，這時期會維持20年，直至子女畢業出身，所以這時期的理財絕不輕鬆，教養子女的開支、每月供樓、年尾交稅，加上也可能要照顧年長父母，所以要預留開支，如果孩子出生時買了教育基金，這階段就有一筆資金周轉。這20年中也可能為了改善居住環境而換樓，留意供樓開支是否過大。雖然經過30年累積，強積金這時仍不能幫到些什麼，可把小部分供款轉為較低風險的貨幣基金或混合型基金。

6）家庭安穩期（56至65歲）

這階段是收成期，子女完成學業到自己退休，經濟收入由高峰回落，供樓債務減輕，有些人會享受人生周遊列國，有些把積蓄幫助子女，在退休前幾年應把強積金由高風險逐漸轉至低風險，準備到期提取用。可以在60歲後逐年把投資的50%轉往債券或貨幣型基金。在事業發展期買下的年金也開始支取，保障退休後收入。

7）退休安老期（65歲後）

自己變成長者，主要收入是子女的家用、年金、積蓄和一筆過提取的強積金，年長了身體毛病少不免，之前買下的醫療危疾保險就發揮保障作用。長者投資風險承受能力低，預留現金作日常開支之用外，投資應注意流動性及以保本為目標，儲蓄在iBond或國債上，甚至可考慮把樓房作逆按揭，以作晚年開支。

賺取金錢財富是人生過程，不應是人生目標。財富管理也不只是管理金錢，同時是管理好自己的人生。在財富的積累、財富的保障時更重要是考慮想過怎樣的生活和如何選擇。

退休計劃是創造選擇

退休生活的計劃要及早準備和開始，筆者早年曾經向一群大專學生提出，當大家畢業後，一出來社會做事就應該要考慮退休問題，令一些聽眾竊笑或懷疑，其實當年想帶出複利效應和未雨綢繆的概念，轉眼這群學生應該已過而立之年，或者已經有自己的家庭及事業。到了今天要及早準備退休相信仍是沒有爭議的原則，問題的焦點是「如何做？」、「做些什麼？」和「為什麼做？」

涉個人價值觀較難處理

「為什麼？」要做退休準備，聽落很理所當然，但也是一個比較難處理的問題，因為退休要過什麼生活是個人價值觀的問題。以前筆者常用《伊索寓言》中蚱蜢和螞蟻的故事作比喻，話說蚱蜢在春夏秋季都是在唱歌玩樂，而螞蟻在春夏秋季都是辛勤的儲存食糧，到了冬季沒有儲糧的蚱蜢就要捱餓，螞蟻則可以安安樂樂在蟻窩裏享受辛勞成果。然而最近有年輕人反駁筆者說，蚱蜢享受了三季而辛苦一季，但螞蟻則辛苦了三季只享受了一季，是誰較「着數」呢？這裏不展開辯論，這就是筆者想說的退休的「為什麼」是一個價值觀問題，或者說是一個責任問題，是個人選擇，沒有標準答案。

要4方面做好準備

「做些什麼？」是關於在不同生活範疇作選擇和準備的問題，包括現在居住的地區比以往選擇多了，例如是否仍然留在香港、移民海外還是移居大灣區。除了地區是一大考慮外，還有以下幾項：財務、健康、心理。

財務方面，是否準備好足夠的資產和現金流。強積金可作為退休的其中一條支柱，但不應該是唯一的支柱。個人是否要自置物業還是租住，要不要做「安老按揭」（逆按揭），每月需要支出多少則要考慮期望的生活水平而定。

健康方面，到了退休年齡，醫療保健的需要是必備的，定時的健康檢查、充足的醫療保險，退休後居住地區的環境、醫療保障和水平都要考慮。

心理方面，退休是人生的一個新階段，對大多數人來說，生活習慣可能突然改變，以往上班的規律、社交圈子和模式、閒餘時間的運用都會有顯著的差異，心理的適應才是關鍵。

方案選擇可找專業協助

「如何做？」是方案選擇的問題，這不單是如何揀選強積金計劃或資產配置的問題，當中涉及投資理財、認識個人目標、現時狀況和期望的風險和回報等等，這方面可以找有專業知識的強積金中介人和財務策劃師協助。

退休計劃是一項選擇或者是一項如何創造選擇的問題，個人不應該對退休生活畫地自限，自己貼上退休人士就一定是這樣哪樣的標籤，例如是一定要留在香港親友身邊，又例如退休就一定要去晨運、行公園、到社區老人中心等等。其實及早計劃退休可為自己創造更多的選擇，可按個人的興趣、抱負、能力享受人生、發展第二事業、銀髮創業或者做義務工作幫助有需要的人，所以要懂得計劃，退休並不是被動消極的，而是可令生活再次豐盛。

退休心態面面觀

退休是人生的一個重要階段，傳統上是標誌着工作生涯的結束和新生活篇章的開始。每個人對待退休的態度和想法各有不同，這取決於個人的價值觀、生活經歷和個性特質。要好好計劃退休就應該要對退休的心態有一定的理解，從而更好地面對這一階段所帶來的挑戰、機遇和作出更好的安排，令自己和家人更幸福。

恐懼焦慮型

退休對一些人來説可能帶來恐懼和焦慮。踏入退休年齡可能開始想人生必然經過生老病死的階段，加上若在財政上未能有充足準備，就會擔心失去工作後的經濟安全感，又或者憂慮退休後的生活變得越來越乏味和缺乏目標。此外，離開熟悉的工作環境也意味着將失去與同事們的日常交流和社交支持，這可能產生孤獨和失落。

期待興奮型

一些朋友視退休為一個機會，可以放下工作追求自己長久以來的興趣和夢想。他們期待能夠有更多的時間與家人和朋友相處，並享受旅遊、閱讀、健身、做義務工作等活動。退休也意味着擺脱工作的壓力和限制，可以自由自在地安排自己的時間和生活方式。對這些人來説，退休是人生的另一個精采章節的開始。

迷惘不確定型

有些人的自我認同和大半生的生活圈子可能圍繞住工作，缺乏對未來的明確規劃，所以不確定該如何度過退休生活。他們可能未曾想過退休後的生活將是怎樣的？一旦要面對就因缺乏方向和目標而迷惘。這些感受是正常的，但他們可以通過尋找新的興趣和目標，認識新朋友、參與社交活動，或者尋求退休規劃專家的幫助。

平靜滿足型

一些人在職業生涯中取得了一定的成就，並為自己的貢獻感到滿意，又對退休前的生活沒有太多的依戀。他們對於退休這一新的階段沒有熱切的期待也沒有憂慮，有足夠的財務支援和能夠抱持着平和的心態，過着一般人認為「退休就是這樣」的生活。他們對於退休後的自由和寧靜感到滿足，並能夠充分享受生活的每一天。

以上是一些對退休心態的籠統分類，其中興奮型和滿足型都能積極面對退休，但另外的兩類型卻可能會遇到問題，不妨參考以下方法解決憂慮迷惘。

錯失機會就要跳出框框

若果已經是五十多歲，或已錯過了及早準備退休，其實也不會是絕望或不可挽回。遲了作準備，財務上要在同一賽道上追回失去的時間和回報，可能比較困難，但只要跳出思維的局限就可能獲得更多的選擇。例如把物業作安老按揭、移居往生活指數較低的城市、選擇院舍安老服務等等。

除了財務上的準備，心理上的期望和適應是關鍵因素，對退休的擔憂恐懼每個人有自己的原因，對他們說是合理的，要解決就要坦誠面對自己的恐懼或憂慮，可與家人一起向退休顧問諮詢，通過輔導，循序漸進的適應、改善準備和期望並以積極的心態來應對。

退休是人生中的一個重要轉折點，每個人對待退休的態度和想法各有不同。有些人可能感到恐懼和焦慮，擔心經濟安全，和生活的缺乏目標；而另一些人則充滿期待和興奮，視退休為一個新的開始。還有人可能感到迷惘和不確定，需要尋找新的目標和意義。而一些人則持有平靜和滿足的態度，以平和的心態享受退休生活。無論我們對退休持有何種態度，關鍵在於如何積極地應對退休帶來的挑戰和機遇，並在這一新的階段中找到屬於自己的幸福與滿足。

調節心態 提早退休

趁旅遊淡季參加了一個日本北海道仙台6天旅遊團。北海道幾年前到過，冬天札幌雪白浪漫，夏天有富良野一片紫色薰衣草。今次重遊在春夏之間天氣清涼，甚是舒適。旅程節目較悠閒，早晚浸泡溫泉，調和一下香港急速的生活節奏，但現代科技改變緩慢的步伐，好的是可以每日接收世界資訊，例如同步知道香港8號風球下的混亂，也可把行程、美食和戰利品放上Facebook炫耀一番，並與在不同國度的親友即時互動。

其中有朋友看到筆者Facebook上的旅遊相片和帖文，表示：「真係令人羨慕，近年經常外遊，又有現金又有時間，我有點妒忌。」另外有朋友問：「Tony sir，以你的spending and lifestyle，唔計供樓，一個月大概要用幾多錢……因為我想50歲前提早退休」。

首先澄清「有現金」只是過去省下的辛勞積蓄，「有時間」則是工作少了，不知是福是禍。但是朋友的意見和問題正是筆者經常鼓勵及早計劃退休，和早作預備的觀點。特別是這次旅行的團友中，大多是退休人士，最年長的有80歲。言談中都有感年輕時把所有時間投入工作，退休後才用一個接一個的旅行來打發時間。

提早退休必須有足夠財務自由，除非是移民或危疾等，否則強積金要65歲才可取回。例如想在50歲退休，要預備由50歲至65歲這15年的開支，或有現金流收入。《富爸爸、窮爸爸》一書建議要累積有正現金流的資產，例如是用作出租的物業、股票、債券、基金、票據、版權收入等等。

投資工具各有優劣

當中筆者認為最好是有物業作出租，既有槓桿效益也可以累積財富，可惜現在樓價高企，初出社會的年輕人要儲近百萬元首期是何其艱難。而股票應以長線目標和穩健的公司為主，配合部分中短線作調動的股份。香港的債券和票據在零售市場層面對小投資者沒有什麼選擇。反而強積金中則有債券基金或其他類型的基金可供考慮，但又要留意回報和收費。至於版權可以來自音樂、文學或科技創作，不過這方法要視個人的知識能力和際遇。

要提早退休，在強積金外還要更早開始儲蓄、投資或月供一些年金計劃。這方法在今天消費主義盛行下較難被年輕人接受。一般初出社會的朋友入息有限，要把大部分收入作儲蓄和長遠投資，又要看着朋友旅遊玩樂時自己要節衣縮食，更要和家人同住，一起分擔生活開支等等。回想筆者當年結婚後也是和父母同住幾年，並做幾份兼職省下首期置業，今年結婚二十周年借這裏感激太太的忍耐支持。

調整消費習慣助儲蓄

朋友如果入息較高，似乎較易儲到所需要的金額，但高入息者在生活和消費上支出較高，例如不少中產選擇租屋而不置業，穿著都是名牌或飲食都是高檔次食肆。這裏沒有貶意，選擇如何生活是個人的自由，只是想指出，個人支出不單只是受收入影響，更受同輩、社會階級和個人心態支配。所以要為提早退休作準備，調節心態很重要。能接受比自己階級低一點的生活水平，當然不是要刻薄自己，過了自己心理關口，開支少了自然能儲蓄多一點。

提早退休要有多少數額資金則視個人生活要求而定，網上有很多退休計算機，可以按個人的退休需要和支出水平來預計每月供款多少。但是金錢並不是唯一要考慮的項目，還有是如何運用退休的閒暇時間，生活總不能只剩下旅行。怎麼保持與時並進的知識和個人對生活的正面心態等，都影響自己和伴侶。人生苦短要及時行樂，但也應為日後早作籌謀。

退休後
會否繼續工作

退休生活不一定是要過閒暇日子，有些朋友會選擇開展第二事業，甚至提早退休之後開始另一項事業，然而有些則因為經濟條件而要繼續工作。無論什麼原因，當了解自己對工作的心態和考慮好要注意的情況，做好準備自然會多了選項，在什麼時候退休和要過怎樣的生活都是很個人的事，不需要羨慕別人也不必給自己太多壓力。

朋友還有一兩年就會榮休，當談到退休生活的時候，他總是提及如何去找一些新工作或再創業等等。他的考慮並不是從經濟或收入上出發，他任職公司中層管理人員，現有的自住物業按揭已供完，當然價格升值不少，還有與太太合共的退休金和強積金，加上一些投資，子女長大也各自有家庭，所以不必為日後生活開支煩惱。原因是不想退休後沒有寄託，便想到創業或第二次的職業生涯發展。

除了因經濟條件一定要工作外，不想在退休後停止工作有4種類型的心態：

1）工作愛好者（Job Lover）：
是指工作就是他們的興趣和嗜好，對於他們熱愛工作就好像玩樂一樣享受，工作目的不是為錢，也不是消磨時間，而是生活意義，例如一些藝術工作者、表演者，一生追求自己的興趣永不言休，一旦要他們停下來就會失去樂趣甚至產生嚴重的適應問題。

從工作尋找各種認同感

2）工作認同者（Job Identifier）：
他們從工作中得到身份上、社會地位上或人際社交上的認同，這類型的朋友在退休後最容易感到失落，他們不是缺乏金錢，而是他們以往的生活圈子就是圍繞着工作，一旦退休，身邊的人脈、話題甚至身份好像消失，所以他們可能以合約、兼職或顧問形式繼續在舊公司工作，又或者創業做回本行，在朋輩間找到身份認同。

3）收入愛好者（Income Lover）：

這些人像上述的工作認同者，要在工作中找到認同感，不過令他們繼續工作的原因並不是人際關係或地位，而是從工作得到的收入回報，這裏並不代表他們沒有足夠退休所需的資金，而是慣了賺錢，好像是現代人釣魚一樣，他們不是為了需要吃魚才釣魚，而是為了收穫時候的快感或成功感。

4）工作再認同者（Job Re-identifier）：

這類人士希望在退休後找到一份與以往職業類型或身份不同的認同感，他們往往很投入的找一份與之前差異很大的工作，或者是創業做一些與以前不同的生意，又或者做一些義務工作，而不再重返以前的行業。他們目的可以是為了發揮自己的能力才華、發展新的人際關係網絡、幫助別人或回饋社會，但會與以往生活分割，而過另一種豐盛人生。

及早綢繆退休才有選擇

明白退休後再從事工作除了經濟因素還有心理因素，再工作可使生活有所寄託，也可以獲得收入，也可以是個人心理性格的驅動。然而一些國家的政府可能由於人口老化出生率低，要解決勞動力問題，或者是政府缺乏資金，拖延支付退休金而推行延遲退休或長者就業，這些都不是個人能改變的條件。

除非提早退休，在退休年齡後工作就算是長者就業。優點是他們有豐富的經驗和人脈關係可幫助企業維繫業務和把知識傳授新人，但也被一些人視為阻礙年輕人晉升的「塞車效應」。個人、企業和政府都需要周詳考慮長者的工作尊嚴、老年貧窮、醫療開支、保險、工時、工資、勞工和強積金政策、就業支援、生活問題等等。另外長者工作還會涉及其他安排，例如僱主會否給予彈性工作時間、體恤長者勞動的工作分配、優待長者的福利等等，這麼又會否令其他年齡組別員工感到不公平，甚至造成逆向歧視。可見這議題的複雜性，非三言兩語可說得清楚。

在達到退休年齡後仍然繼續工作，對於一些人來説，是人生階段精采的新篇章，但是對於另一些人來説，可能是生活所迫的無奈。當然每個人都有自己的方法過退休生活，做什麼工作與不工作是很個人的選擇，但是到了退休年齡還要為生計奔波煩惱，卻是很不願意見到的情景，所以筆者提倡及早為退休作計劃，並勸説朋友和讀者們早日綢繆退休的準備，這也正希望做到老有所養，要做到在晚年有尊嚴的選擇自由。

工作城市退休成本較高

通關復常，筆者與很多朋友一樣懷着興奮的心情往內地快閃一轉，去了一趟深圳，主要是辦理銀行賬戶的問題，過程都算順利，然後在福田區吃了一個午餐，逛了商場和書店，再吃晚餐才回港。雖然只是匆匆的大半天，但今次過關給筆者不少體會和一些有關退休的想法。

闊別了3年內地的變化很大，基建上多了一些新地鐵路線，筆者與朋友特意去了一個網紅地鐵站「打卡」，還坐了無人駕駛的地鐵。中午吃飯時候商場的食肆人山人海，很不容易才找到座位，手機點餐已經不是新鮮，但是價格卻不似三四年前般便宜，很多菜式已經是香港價錢甚至比香港要貴，朋友在團購網買了一個套餐優惠，心裏才感覺一點踏實。由此可知深圳的生活指數和香港已經十分接近，這裏要説説工作城市和退休城市的分別。

中國有所謂「北、上、廣、深」，即是北京、上海、廣州、深圳，都是城市中的城市，商貿活動人員往來十分頻繁，生活指數是全國數一數二的高，但是仍然吸引全國各省各地人才，不論是打工或創業，都會到這些大城市闖一闖，尋找機會。就正如日本的東京、美國的紐約和英國的倫敦一樣，是追夢者的天堂。

然而這些大城市的共通點就是生活指數甚高，租金物價都比全國其他的城市要貴。另外，就算是在本國有人口老化，這些工作城市的人口平均年齡經常保持在四十多歲，因為外來尋找機會的大多是青壯年人士，他們到了退休年齡多會選擇回鄉，年輕新血又源源不絕地由全國湧來補充，令這些城市保持競爭力和生產力，也因此令生活指數高踞不下，所以這些城市適合工作創業，但未必適宜退休。

大灣區的各個城市都有自己的分工定位，也不是每個城市都是理想退休地方。香港是國際金融、航運、貿易中心和國際航空樞紐；澳門是世界旅遊休閒中心、中國與葡語國家商貿合作服務平台；廣州要發揮國家中心城市和綜合性門戶城市引領作用；深圳作為經濟特區、創新型城市，要建成現代化國際化城市和具有世界影響力的創新創意之都；珠海的定位是大灣區西岸交通樞紐城市、大灣區創新高地；中山是先進製造業基地、區域綜合交通樞紐、產業創新中心和歷史文化名城；江門是大灣區西翼樞紐門戶城市、華僑文化交流合作重要平台；東莞、佛山要打造成為世界級先進製造產業群；惠州會塑造成居宜的城市；肇慶是大灣區連接大西南樞紐門戶城市、節能環保產業基地、康養旅遊生態名城。哪些城市適合退休呼之欲出。

港人退休喜移居泰馬

計劃退休的時候要跳出思考的框框，考慮避開生活節奏急速、物價指數高的工作城市，移居到適宜退休的城市。有些朋友可能會揀選移民或移居外國，網上常有一些關於最適宜退休的國家排名，例如有巴拿馬、哥斯達黎加、厄瓜多爾、烏拉圭等，相信很多香港人都未去過，加上每個國家的各個城市都有分別，所以不能盲目相信排名。而較受香港人歡迎移居退休的外國地方有泰國、馬來西亞等。

退休人士如拿着一筆有限退休金，在生活成本較低的城市可以持久一些，不論是移居國內國外，要考慮的因素包括住屋成本、醫療服務、生活成本、語言文化、習俗、治安，如果是外國還要考慮獲取退休簽證或居留權的難易度等。當然退休人士心理素質和適應也很重要，都要提前考慮和詳細準備。

退休養老城市須具備的條件

不論是外國還是在中國，有一些城市商貿活動人員往來十分頻繁，生活指數甚高，租金物價都比全國其他的城市要貴，是典型的工作生產力城市。在這些城市充滿商機和工作機會，是給人拚搏的地方。然而這些城市由於競爭，步伐急速、節奏緊張加上生活指數高，所以並非理想的退休環境。同時也有些城市生活節奏較悠閑、生活成本指數也較低，對於退休生活十分理想。

如果要揀選一個地方去拚搏、去創業或者是找尋自己的職業生涯理想，當然會選擇有商機和有發展空間的城市，所以中國的「北上廣深」（即是北京、上海、廣州和深圳）都是全國以至全世界年輕人和商家進入之地。同時這幾個地方也是中國生活成本較高和節奏較快的城市。

然而退休卻不需要生活在充滿商機的地方，反而要尋找適合退休的環境，一個適合退休的城市應該具備以下特色和條件：

氣候舒適：

適宜的氣候對退休生活非常重要。例如筆者去過幾次芬蘭旅遊，很喜歡那裏的寧靜和自然環境，但想到冬天的嚴寒就打消了移居的念頭。若果能選擇一個四季分明的城市，當然可以讓退休生活更加愉快，但年長之後也要注意個人和伴侶的適應力，所以倒不如考慮找一個平日習慣了的、氣候溫和舒適的地方。冬天極冷或夏季極為炎熱的地方對長者的身體有額外負擔，未必是理想退休地方。

低成本生活：

適合退休的城市要有較低的生活成本，因為退休後，財務狀況可能依靠積蓄或相對固定的年金作生活費，低成本的城市可以讓退休金和儲蓄得到更好的使用。包括較低的租金房價、日常開支的物價、稅收和醫療保健費用等，但是低物價並不是要大幅度犧牲質量，有些地方同時享有低物價和不低的品質水平。

安全治安友善社區：

退休生活中，個人人身安全是重要考慮因素。選擇犯罪率較低的城市，以確保在退休期間的安全。當然遇到一個友善、熱情和社區意識高的城市，可以讓退休生活更加有社交和互助的環境。

完善的醫療護理設施：

退休後的醫療需求通常會增加，選擇擁有完善醫療設施和高質量醫療服務的城市是必要的。還有這些設施的距離要適宜，收費合理，給退休者提供良好的健康照護和緊急服務。大灣區有不少三甲醫院，都達香港人的質素要求水平。

文化習俗接近：

如果到外國退休，要考慮到當地的語言、文化、習俗、飲食口味和生活習慣，例如西歐國家除了英國，英語就不大流通，早前網上媒體報道，有移民英國的家庭也不習慣當地生活而回流返港，所以對於長者更要注意如何適應當地生活習俗。大灣區很多城市都可以説白話即粵語，而飲食習慣和香港沒太大分別。

多樣休閒活動：

退休生活中，有豐富的休閒娛樂活動是重要的。選擇一個擁有博物館、圖書館、戲院、公園、泳池、健體、高爾夫球場等設施的城市，可以讓退休生活更加有趣和充實。

生活便利設施：

有朋友移民外國，住家附近只有一些小店，每到周日的家庭活動是駕半小時車去市中心購物。選擇一個擁有便捷設施和完善交通系統的城市是重要的。例如，靠近菜市場、商店、銀行、醫院、公共交通等，方便日常所需。

每個人對退休生活的需求和喜好不同，因此最適合的退休城市也可能因人而異。而要選擇適合的退休城市，可以考慮前述的特色和條件，並根據自身優先順序和喜好來做出適合的選擇。

適合工作的城市未必適合退休，氣候、安全、醫療以及生活成本等都需要兼顧考慮。

退休移民與移居大灣區

《港區國安法》實施，有朋友擔心香港民主自由變差而積極尋求移民的機會。一些提供移民服務的朋友近兩個月接到不少查詢，英美加澳等熱門地區不在話下，連一些冷門地區如塞浦路斯也有人問津。另一個景象是有朋友熱烈歡迎《港區國安法》，認為可以恢復香港治安和秩序，他們還對內地在疫情上的控制和民生迅速恢復甚為嚮往，甚至計劃退休後移居大灣區。不論移民外國還是移居大灣區，都要在財務上、生活改變和心理上有所準備。

部分國家不需移民可長居

財務和現金流對於移民或移居都要考慮清楚。如果是退休，移民到英美澳會以投資移民形式，但成本很高。例如英國「黃金簽證」要投資200萬英鎊、美國最低投資金額90萬美元、澳洲要500萬澳元，一些歐洲國家都要求動輒過百萬元的投資。移民需要的資金龐大，加上當地生活指數不低，不是一般打工仔退休的選擇。東南亞國家生活指數較低，但港人不一定要移民當地，例如泰國有特長居住期，即不用辦移民手續都可以長期居住。技術移民因為不是退休，就不在這欄目討論了。

退休到大灣區住也要有足夠的財務準備，首先是決定置業還是租樓。大灣區9個城市的樓價差距很誇張，就算是同一城市的不同區份的差距也可以很大。例如深圳有高達每平方米40萬元（人民幣・下同）的豪宅，2019年平均也要5.4萬元。而近年熱門的中山，平均是1.5萬元；最便宜的是肇慶，平均是7500元。雖然在2022年因內房企業債務問題爆發至2024年初，各大灣區城市的樓價已回落了20％至 30％不等，基於「房住不炒」和「保交樓」的維穩政策，已令購置物業很吸引。但作為退休，租樓也是一個選擇，例如中山的三房單位每月約2800元。買樓有投資成份，租樓則是固定開支。有餘錢買樓可能享受物業升值，同時也會面對置業投資的風險。若然租金水平較低，退休人士拿着一百幾十萬退休金可以慢慢「搣」。

生活費低過有尊嚴生活

假設香港有物業可供出租，扣除稅務和雜項開支，每月現金流入1萬港元，在中山租一個三房單位，每月開支3000港元，還有7000港元可作生活費，不需要動用那筆退休金也有不錯的生活水平。如果沒有港樓出租，只靠那百多萬的退休金和政府每月的生果金，租一個兩房單位約2300元，也能省卻香港昂貴的租金開支，過些節儉但總算有尊嚴的生活，當然內地未來通脹的因素也要計算在內。

地理上大灣區接近香港，深圳、珠海等都在一小時生活圈內，遠至肇慶，高鐵直達要兩小時。相比外國英美加澳十多小時飛機航程和時差，都會在生活上與香港脱離。台灣雖然近，但統一是國家「中華民族偉大復興」的目標，如果不喜歡內地政治，過多十年八載遲早都要面對。

為更美好生活理智選擇

不談政治，在外國，單是文化、語言、社會習俗、鄰舍關係等都要去學習適應，到台灣這些適應可能會較易。大灣區在廣東省內，除了深圳這「移民」城市，很多區內講「白話」即廣東話都能溝通，而飲食、生活習慣習俗也接近香港，較易適應。至於退休人士很關心的醫療需要，在外國未成為公民前的醫療費用很昂貴，台灣算是便宜。至於內地，近年的醫療改革有「三級六等」的劃分，三甲醫院在技術、安全和服務上已很先進。

在新的環境退休，不論是外國、台灣還是內地，要有心理準備面對新的生活模式或挑戰，早些體驗一下當地的生活，例如在退休前到當地小住一段時間，保持好奇心和學習心態。不應抱着為逃避什麼而移民或移居，而是為了過更好的生活而作出理智選擇，抱積極樂觀的態度和伴侶渡過另一個美好的人生階段，這才是智醒退休。

4.10

移居台灣宜考慮兩岸局勢變化

美國眾議院議長佩洛西不理會中國的警告，在2022年8月2日晚抵達台灣，匆匆訪問19小時後離開。中央政府除了作出嚴重抗議和譴責之外，同時宣布暫停台灣柑橘類水果、冰鮮白帶魚、凍竹莢魚等食品進口，但是更重要的是宣布圍繞台灣進行3天的實彈軍事演習，可以說是棋高一着。然而，對一些選擇到台灣退休的朋友而言，應該有不少啟示。

物價較低 退休約需400萬

筆者身邊也有些朋友在台灣升學進修或發展自己的事業，

當地也是香港人熱門旅遊的地方。其實，台灣的文化和生活水平也很適合香港人退休。首先，在語言文字溝通上沒有大問題，氣候、飲食也較外國容易適應。此外，台灣整體生活指數和物價比香港低。數年前有調查顯示，台灣上班族認為退休最少要有1600萬元新台幣（約400萬港元），如果香港人賣掉香港的物業，也可能有600萬港元現金；但若在香港是無資產的打工一族，要到台灣找尋工作則會十分困難，因為當地畢業生和上班族都面對企業低增長、失業和缺乏職業上流機會的問題。

在香港生活，居住開支佔收入很大比重；於台灣居住成本較香港低，台北市作為商業活動中心，自然較周邊地區貴，例如近捷運世貿站的28坪（約900多方呎）住宅，月租要5.5萬元新台幣（約1.5萬港元），但遠一些的北投區、同樣接近捷運站的就只需3萬元新台幣（約7800港元）；面積細一點，20坪（約700方呎）的租金大約要1.6萬元新台幣（約4000港元）。

台灣不同地區的生活風格和指數都不一樣，有調查指出，最幸福縣市民眾的首5位是：宜蘭縣、台東縣、新北市、桃園市和台中市，台北則是排行第20，可見當地人對台北生活的一些想法。

各縣市生活風格大不同

移民台灣的方法包括投資移民、技術移民、創業移民、升學移民和婚姻移民等。投資移民只需600萬元新台幣（約156萬港元），這裏不詳述各方法的內容，但總體來說投資和創業移民，比起到英國或加拿大的門檻要低。除了衣食住行和各種生活的問題外，移民台灣還要考慮政治問題。如果是不滿意中國大陸而到台灣，在不久將來就要迎接大陸和台灣統一，因為中央政府對台灣的大局是必須，也必然會統一。

很多人說看不透中國政策，或者出於不願意相信，但是對於大局大勢，其實中央的方向很清晰，例如「兩個一百年的奮鬥目標」，第一個一百年要達到全面小康，已經在去年實現。第二個一百年是「中華民族偉大復興」，目標是新中國成立一百年、即2049年前達到。統一是民族復興的必要條件，所以統一台灣的時間表也有了。

今次佩洛西訪台，可謂幫助中央加快步伐。回想以前解放軍在越過台灣海峽中線上都很小心謹慎，但今次則高調包圍整個台灣島，對外國和台灣地區的人民和政府宣示這個小島的控制權。然而，筆者相信，只要台灣政府或美國政客不失控地挑釁中央底線，和平統一仍然會是中央的目標。若是嚮往台灣生活而移居，在將來政治變天時沒有影響；但如果因政治理由而移居台灣，則要思考清楚未來兩岸的形勢變化而作準備。

從芬蘭旅遊到退休生活的啟發

筆者趁淡季與家人去了芬蘭旅遊，雖然已是春天但北極圈國度仍是白茫茫的雪和冰！森林佔國土面積70%的綠色芬蘭，在今次行程就沒緣一見。但是無污染的自然環境、清新空氣、晴朗的夜空漫天繁星的景象，簡樸的生活卻令長期生活在香港這壓力都市的人為之嚮往。由於行程簡單，加上北邊羅凡尼米度假區總是悠悠閒閒，沒什麼事做，筆者就忽發奇想，如果在芬蘭過白色的退休生活又會如何？

住居便宜 生活成本高

住屋售價在首都赫爾辛基是香港的三分之一，其他城市如羅凡尼米，一座2000多尺連花園的獨立屋只售200餘萬港元。買一座花園小屋，夏天打理花圃，冬天和老伴圍着火爐，看看窗外紛飛雪景和偶然在屋前躍過的松鼠，花園積雪還可以堆個雪人，掛些彩燈，喝口熱咖啡，談談往事新聞，遠離煩囂，真一樂也。好夢被太太一言戳破，在這裏生活，總不能天天堆雪人吧！除住屋較便宜外，這裏的生活成本很高，例如香港一客漢堡飽套餐售30港元，在芬蘭卻要70多港元，一瓶汽水則要20港元！加上24%的銷售稅，平日的開支可謂不少。

財務方面，芬蘭養老金制度在2014年的墨爾本美世全球養老金指數中（Melbourne Mercer Global Pension Index），名列第四，頭三位為丹麥、澳洲和荷蘭。至於英國、新加坡、美國和中國分別排行第九、十、十三和二十。芬蘭退休制度有兩個互補性的退休金系統：

- **收入所得退休金：**

僱主和員工供款，由養老保險公司、養老金系統和基金會負責管理。員工退休時所得退休金的數額取決於工作年資長短和工資金額。退休金數額最多可為退休前工資的

60%，每月收約1500至過萬歐羅不等。

- **國家退休金和保障退休金：**

源自國庫，屬保障性福利，國家退休金的數額視退休人士在芬蘭居住時間長短和家庭情況，約有100多歐羅。

福利好 個人稅不輕

芬蘭國民享用退休福利和優質醫療，所以勞動人口就要承擔較大稅務負擔。在累進制下，個人收入稅為6.5%至31.75%。除個人收入外還要按住區繳交市政稅約16.25%至22%不等。繳納養老金方面，以2014年為例，僱主的養老金供款率平均為員工工資的17.7%，員工供款5.55%至7.05%。由於人口老化和經濟不景，退休年齡由63歲逐步提高到65歲。

芬蘭可以有優厚社會福利因為全國只有500多萬人口，土地面積卻有33.8萬多平方公里，單是「零頭」已大過香港。比起福利同樣優厚、生活一樣悠閒但要承擔重大國債的希臘，芬蘭的國家優勢是擁有豐富資源，例如木材、紙漿與造紙產業佔出口總值達20%，較重要的礦產有碎石、砂礫、黏土、泥煤，也有少量的鐵、銅、鋅礦產和漁農業；工業方面較為大眾熟識的品牌有諾基亞、Fiskra鋼具；創意產業有卡通人物憤怒鳥和姆明等。其石油產品、農業肥料、塗料與漆料、潔淨科技，生物科技和旅遊業，還有轉口港貿易都是重點行業。2014年人均GDP為4.7萬多美元，通脹為1.2%，失業率為8.5%。金融海嘯後，芬蘭的出口受到歐洲不景的打擊，政府債務佔GDP55%，財政雖不好，但表現仍比「歐豬五國」為佳。

在香港強積金中，歐洲基金對芬蘭資產的持股量不多，只有以下3隻公布芬蘭資產佔基金的比例：恒生歐洲股票基金（芬蘭資產佔1.4%）、中銀保誠歐洲指數追蹤基金（1.5%）和東亞強積金歐洲股票基金（1.6%），可見該國企業不是基金經理的熱門對象。

退休計劃隨社會環境變化

由旅遊聯想到打工仔在退休時想過一些怎樣的生活，不是虛無遐想而是切實要考慮的問題（當然不是考慮是否要移民芬蘭)。退休除了要有足夠的財務準備外，個人心態和嚮往的生活也很重要。大家在香港成長，本地的一切都似乎很熟識，但是本地的生活質素也時刻在變，例如通脹、經濟轉型、金融泡沫和香港及附近城市的變化等等，都可能令退休財務計劃的假設起了根本變化。

原來的退休計劃要面對的危或機，不是10年或20年前可以預知。所以筆者一再與身邊朋友和學生強調，退休計劃不單只是如何投資儲蓄，退休是將來生活的憧憬，計劃不能鐵板一塊，要隨社會環境及個人因素變化調節。正如20年後的香港生活質素會否不及內地城市？到退休時個人嚮往的是怎樣的生活？強積金和其他積蓄應如何為這生活預備？這些才是退休計劃的藝術和難處所在。

考慮在芬蘭過「白色退休生活」，需考慮稅務及生活形式等因素。

MPF

第五章 / 智醒都係自己

理想的退休生活，知識和技巧都是其次。當我們認識了管理強積金、認識了理財產品，認識了不同的退休選擇方案，但最終最重要的還是要對自己坦白真誠，你想過怎樣的生活？你又願為此付出多少代價？這些都需要認真誠實地作答，因此退休智醒都是自己。

5.1 健康退休身心靈

筆者曾經任教再培訓局的課程，同學們來自不同行業和年齡，有些是因疫情影響而失業或停工的朋友，也有臨近或已經退休的朋友，想在退休後發展第二事業。有一次印象深刻的是其中有一位同學突然問筆者人生最大願望是什麼？頓時有點不能反應過來，隨口說了身體健康就算。現在想來，這第一反應可能是潛意識的流露，再答一次也會是一樣。及早準備退休是沒有爭議的原則，但接近或已到退休之年又如何面對？屆時相信很多朋友最大的願望都是身體健康。然而退休是人生中的一個重要階段，標誌着工作生涯的結束和新一章的開始。除了年齡變老身體也日漸衰退雖要保養外，個人的心和靈的健康也變得尤為重要。

以下是一些關於身、心、靈都要健康的退休生活的建議。

身體健康無可替代

首先，保持身體健康是非常重要的。年輕時期要「搵錢養家」、要在職場奮鬥或者為了事業而佔用了大部分時間都是常見。但在工作和事業中一定要抽時間去照顧好自己的身體，不要拖延到退休才出現一大堆毛病，到時就只剩一副病殘身軀給退休的自己和家人照顧。所以在年輕時就要開始定期進行身體檢查，保持適度的運動、戒除煙酒熬夜的壞習慣，並保持均衡的飲食，是保持身體健康的重要方法。這些健康習慣可以幫助預防疾病，提升生活質量，並讓您有更多的能力去追求自己的興趣和目標，有更多退休生活的選擇。

心理健康拓闊社交

其次，關注心理健康也是至關重要的。退休後，人們可能會面臨新的挑戰和調整，因為他們從一個繁忙的工作生活進入了一個相對寧靜的生活節奏。這個轉變可能會對心理健康產生影響。為了維護心理健康，建議在退休前就尋找發掘自己和伴侶的興趣和活動，拓闊社交圈子和結識一些不同年齡的新朋友，培養社交關係的自信，保持積極的態度，到了退休也不一定要把自己社交圈子固化在眾人都覺得是退休人士都「應該」做的公園耍太極或社區中心下象棋的活動或生活上，有需要時尋求心理支持和諮詢，以應對可能出現的壓力和情緒困擾。

心靈仁善美

最後，當人年紀愈大就要面對生老病死的自然規律，重視靈性的發展對於身、心、靈的健康同樣重要。退休可以是一個重新思考人生意義和價值觀的時期。許多人在這個階段開始尋找更深層次的生命意義和目的。當然不是每個人都有相同的靈性需求，而不同形式的實踐，例如通過冥想、禪修、宗教信仰等等是否可以幫助人們在退休生活中找到內心的平靜和滿足感，都會因人而異。以仁、善和美的積極正面的態度了解自我、了解他人和了解環境，可讓靈性的發展幫助人們更好地處理壓力，提升對生活的滿足度，並與自己、他人和大自然建立更深層次的聯繫。

財務自由才有選擇

人生在不同時間所專注的問題和擁有的資源都不同，年輕時期有健康、有時間，但沒有錢，所以就專注學習或事業而忽略了健康。中年的時候有錢、有健康，但沒有時間，把事業放在首位，沒有時間調理身體。老年有錢、有時間但沒有健康，退休後有閒餘時間，也有一筆積蓄，但因為年輕時過度消耗健康令身子變差。當然有些較幸運的朋友是三方面都有，既有時間、金錢和健康的身體做自己喜歡的事，最可惜的是到了老年沒有健康又沒有錢，剩餘的時間還要用於謀生糊口。所以盡早計劃退休生活的財務保障之餘，也要注意保養身體、社交和心靈的健康。

綜上所述，一個身、心、靈都健康的退休生活需要綜合考慮身體、心理和靈性的需求。通過保持身體健康、關注心理健康和重視靈性的發展，我們可以在退休生活中找到平衡和滿足感。退休是一個新的開始，讓我們以身、心、靈的健康為基礎，充分享受這個美好的人生階段，這才是智醒退休。

從故事領悟投資意義

聖誕和元旦佳節期間，在媒體都會看到不少童話或寓言，這些故事有不少的教訓可領略生活和投資的一些原理，好讓我們在波動難測的世道中找到一些定位。

《聖誕頌歌》蘊含深厚寓意，讀者可從中領略儲蓄和投資的真正意義。

發生在聖誕的故事是狄更斯的《聖誕頌歌》，這本小說曾經被改編成電影、電視劇、動畫、話劇，當中有老少咸宜的、有賺人熱淚的，也有黑色幽默的演繹。故事講述史古基先生（Mr. Scrooge）

自私自利刻薄成性，是典型的孤寒財主，他眼中只有錢，聖誕節店舖休息、員工放假對他來說是浪費，更不會慶祝佳節。性格孤僻的他拒絕了唯一親人——他的姪兒的聖誕晚餐邀請；對員工有患病的幼兒在家要照顧，他也毫無憐憫之心。他的生命目的就似乎是為了賺錢和賺更多的錢。

財富不是人生目標

就在一個平安夜晚上，他以前的生意拍檔的鬼魂來找他，並警告他不要忘記聖誕節的意義，否則他的靈魂將被永恒的折磨；並預言當天晚上他會遇到3名精靈，這也是他贖罪的最後機會。當晚3名精靈分別帶史古基去經歷他的過去、現在和未來的一些情景和人物，令他懊悔以往對金錢的沉溺和對親人朋友的忽略與刻薄，並有所感悟這不是自己所希望的，聖誕節清早醒來他變得開朗、珍惜親情和樂善助人，由此重拾人生。

英國大文豪狄更斯以小說故事和人物帶出注重人生目標和珍惜眼前人的重要性，在中國文學裏也有很多類似提醒世人不要捨本逐末的成語寓言，例如是「買櫝還珠」，當中的楚國人為了把一顆珍珠賣個好價錢，把珍珠好好包裝一番。他認為有了名貴的包裝，珍珠的價值就會更高，所以找來匠人用名貴的木材為珍珠做了一個盒子（即是櫝），再雕刻上精緻花紋，盒子太精美了，結果有客人用高價買了盒子卻退回珍珠。另外一個出名的寓言故事出自唐代李公佐《南柯太守傳》，主人公在槐樹下睡覺，夢到自己到了大槐安國，娶公主為妻，當了三十年大官，政績突出，很受百姓擁戴，享盡榮華富貴，權傾朝野並且兒女成群，但因軍事失利而遭國王疑忌，妻子去世，自己被遣還鄉，由人生高處跌落谷底，發現原來是一場夢，這個故事成為成語南柯一夢，比喻人生如夢，富貴得失無常。

讓親人過安穩生活

《聖誕頌歌》的寓意一方面是想引起社會對貧窮的關注，另一方面提醒讀者金錢財富不是人生的目標，在追求物質時要明白人生還有其他的意義。買櫝還珠則諷刺本末倒置，目的雖然達到但卻違背了初衷的本意。南柯一夢提醒，富貴得失無常如詩詞説「窮通皆命也。得又何歡，失又何愁，恰似南柯一夢」。

儲蓄投資，為了累積財富，但意義可會是令我們所重視、所愛的人過更美好、更幸福的生活；退休計劃也是如此，不是為儲錢而儲錢、為投資而投資，而是利用儲蓄和投資的回報，令自己和親人在晚年能夠過更安穩的生活。所以在訂定來年的計劃時，是否要包括分配時間和資金給與親人團聚的活動，而不是等待退休時、得閒時、有餘錢時才去做，以免日後有樹欲靜而風不息的感慨。

儒家思想對退休態度的啟發

狄更斯《聖誕頌歌》的故事和教訓的文章，內容説到故事主人翁貪財和刻薄的性格如何改變，這與現代的價值觀追求金錢財富類似，甚至今天把人的成就以財富作衡量準則之一仍然普遍。然而金錢財富不應是人生的唯一目標，在追求物質時要明白人生還有其他的意義。除了西方的故事外，中國文化中也有不少關於財富、安老的思想，不論是儒家思想和一些民間傳説都有很多具學習趣味的故事，在一年將結束之際，可以思考一下，或者對退休的生活和安排有所啟發。

退休要過得有尊嚴

儒家的養老觀念有所謂「老者安之，朋友信之，少者懷之。」儒家的養老思想最主要是宣傳孝道，而孝不是純粹的生活的贍養，關鍵是要有「敬」。孔子說：「今之孝者，是謂能養。至於犬馬，皆能有養，不敬，何以別乎？」以現代的說話講，退休養老不是單單的吃得飽穿得暖的基本經濟生活，最重要的是敬老尊老，即是退休要過得有尊嚴。所以安老養老要累積財富只是手段，如何計劃去過一段尊嚴的退休生活才是重點。

在古代農業社會，「養兒防老」是退休的準備，由子女支持經濟生活並非中國特有的思想。然而以子女作為養老的安排在《貧窮的本質》一書中，經濟學家指出窮人多生孩子，是為了養老和當有大病時有子女照顧，由於生活貧困，多生幾個孩子在勞動力上幫手增加經濟產出，利用概率，多生一個就多一分機會長大後可以反哺父母，解決養老問題。「兒女成群」或「百子千孫」已不是今天香港父母的願望，而年老後由子女回饋撫養也不是新一代父母的期望。

理財方面，儒家並不反對累積財富，孔子說過：「富與貴，是人之所欲也，不以其道得之，不處也。」這也是俗話說的「君子愛財，取之有道」的準則。而有了財富又該如何做？孟子說過「窮不失義、達不離道」。當貧窮時不應以不道德的方法擺脫貧窮，當富足時仍然要不離開道義、道德的原則。

兼顧身體健康心理適應

如果能得到財務自由，還有能力幫助別人，這種也是「兼善天下」的個人實踐。然而也有些人採取像春秋時期越王勾踐的重臣范蠡，幫助勾踐成就霸業後，就急流勇退，更有傳說他去了營商後成為巨富陶朱公，他樂善好施把金錢看得很淡薄，更把財富全分給窮人。這和外國一些富豪的行為類似，例如微軟創辦人蓋茨，把億萬家財成立慈善基金，自己退下事業的一線，改為做慈善扶貧工作。

聖誕原本是西方宗教的節日，到了今天不論信仰大家都在慶祝和歡度假日。富貴貧窮，在世界各地都有，而在全球人口老化，大家面對退休生活時，除了財務的自由外，生活的其他環節例如身體健康、合適的心理質素，還有在思想上如何適應退休生活同樣重要。是西方故事，還是儒家價值觀或民間傳説也好，都可以對退休生活的思想態度有所啟發。

退休也要行穩致遠

香港回歸祖國二十多年，每逢十或五的完整數，國家領導人都親自來港，都有重要講話，例如最近一次是2022年的25周年。但筆者想説的是再上推5年在2017年香港回歸20周年，國家主席習近平來港慶祝並發表了幾篇演講的啟示。當中有明言香港面對社會、政治和民生的5個問題，也有鼓勵香港人要相信自己、相信香港、相信國家的「三個相信」。由此可見內地領導人對香港情況有深入的認識和掌握。習主席強調「一國兩制」要「行穩致遠」，本欄不是政治分析，但筆者想引伸習主席這「三個相信」和「行穩致遠」來看退休準備和投資方向，看看有什麼啟發。

建立實力 相信自己

在退休後能過有尊嚴和充裕的生活，是要建基於早年的準備和持久的努力。很多人已指出過單靠強積金是不夠退休，而愈早開始實行儲蓄和投資就愈好。有了這意願，配合心態的調整，除了強積金外，每月把工資拿一定比例作額外儲蓄，積少成多後轉作其他投資。

要投資除了信念之外，個人對理財知識、投資工具和產品特性的掌握也很重要，像日本策略大師大前研一在《即戰力》一書説，在廿一世紀競爭，要加強個人的財務能力、外國語言能力和解決問題能力。信心是建立在實力上，正如「打鐵還需自身硬」的道理一樣。

堅強後盾 相信香港

習主席説:「不論是過去、現在還是將來，祖國始終是香港的堅強後盾」。

香港以往的發展都是緊靠內地，不論是入口轉口貿易、外判生產代工，還是今天的金融中心。香港在國家發展上有一定位置，例如港交所（00388）的角色不再限於企業上市融資、股票買賣，在貴金屬和債券以至人民幣國際化中，都起着國家級的戰略作用。俄羅斯、印度、南美洲和一帶一路的國家在收到人民幣後，除了和中國繼續貿易外還可以在港交所以人民幣買股票投資，這又是國家布局的一環。

香港在全球人類自由指數排名第一，美國是23、新加坡是40；在競爭力、法治等指數上都是在世界前列。香港投資市場成熟穩健，加上天時有國家「一帶一路」、大灣區等等的雄圖大計，地利則有國家的國際金融、航運、貿易中心的「超級連繫人」和「引進來，走出去」的服務平台角色，只要人和，香港就可盡享中華民族復興的優勢和紅利。

相信國家 行穩致遠

投機者希望市場大上大落，有波幅才多水位，投資者則希望市場穩健發展，風險可控。內地改革開放三十多年，在自由經濟和市場規律下摸索中國特色的制度和辦法，都是一步一步摸着石頭過河走過來的。世界在經歷幾次的金融危機後，似乎被傳統經濟學家不齒的有形之手，更能發揮維穩作用。在宏觀調控、每5年的規劃和「國家隊」的支持下，也使中國成為世界第二大經濟體，在未來幾年仍有比世界其他地區不錯的增長預期。至於強積金的中國及大中華股票基金，讀者可以考慮是否順應這大趨勢的良好選擇。

再過兩年多，大家可見證兩個100年中的「建設全面小康」目標是否可以達到。國家目標以幾十年以至百年計劃，退休投資中也橫跨數十載，所以同樣要穩建、要小心探索調整才能達到目標，相信這也是行穩致遠的原理。

退休後的節日消費

2018年的情人節，緊接農曆新年，香港的節日氣氛投射在各大小商場和店舖上。首先是情人節見到身旁的朋友花盡心思，為情人愛侶製造浪漫的節目和回憶。鮮花、巧克力、燭光晚餐，以至鑽戒首飾，似乎已是例牌必需品，還有飄浮LED發光氣球，甚至用上商場或戶外燈箱廣告，向情人示愛求婚等都不是新鮮事物。隨後的農曆新年，行花市、辦年貨、團年飯、拜年送禮是習俗也是習慣消費。有人選擇外出旅遊避年，但最終都離不開消費。坊間很多理財文章説過，消費態度影響退休的準備，換轉來説退休人士平日的消費態度是什麼？開支如何分配？退休之後在節日會不會和大眾一樣的能盡興地消費和度過節日呢？這些都值得思考。

開支分配與在職僱員接近

據統計處的住戶開支資料，退休人士每月平均開支為2.26萬元，而僱員的每月平均開支為2.87萬元，退休人士和僱員（括號內數字）的開支分配是:住屋佔44.1%（33.3%）、食品26.8%（27.8%）、雜項服務11.8%（16.8%）、交通6.3%（7.7%）、耐用品和雜項物品5.3%（7.5%）、衣履2.3%（3.8%）等。除了住屋開支外，其他消費比例相距不大。按統計資料理解，退休人士似乎與在職僱員的開支分配沒有太大差別，就此推斷在節日，至少在消費的開支分配上，也應該與在職僱員沒有大的分別。

未必計入住屋開支

然而，在2016年有機構調查發現，有80%的被訪者預期每月的退休生活開支平均約1.26萬元，這預期比上述的政府統計數字每月少了一萬元。另外有機構調查顯示，已退休中產人士每月平均開支約1.75萬元，這結果也低於政府數字。當中45%為膳食、交通及住屋的開支、38%用作消閒、旅遊、娛樂、9%為醫療開支等等，開支分配上與政府統計有出入，分類也有不同。這研究的中產定義是有50萬元以上流動資產，退休前個人平均月入4萬元或以上，當中近80%的人士有已還清按揭的自置物業。估計是這群中產人士普遍有自置物業，省下租金開支，所以用在休閒娛樂的開支也多了。比較開支的變化在2015和2020年的政府數據，住屋分別是34.29% 和40.25% 佔開支比例最高而且升幅也最大。

長者買舒適與安心

在以上不同的報告中，對於退休人士開支分配雖然未有概括的結論，但是一些研究指出，長者消費時心理慣性強，購買動機可總括為「買健康」、「買舒適」、「買享受」、「買安心」。他們對品牌的忠實度較高，信任滿意的品牌後不輕易轉變，在產品的要求上要使用方便、實用，特別是對健康、保健產品有興趣。還有長者的補償消費，例如多給後輩買禮物、多去旅行彌補以前因忙碌工作未能外遊，或缺乏陪伴時間等等，這些特質都會反映在消費開支上。

退休後只靠強積金和積蓄過日子的長者，在這節日意義被商業化和消費主義包裝的年代，未必像年輕人般購物消費，也未必有年輕人的創意心思，如何把每一個節日變成自己或家人的美好回憶，相信不是靠禮物是否名貴、食肆是否高級，或者節目如何豐富而定，可能是簡單的一家老少吃一餐家常便飯、為後輩們親手蒸焗一些糕點，和得到親人的關注，陪伴着度過佳節，這可能是退休長者所尋求的節日意義。

退休後收入減少，過時過節購物想舒適與安心，除了依靠年輕時的規劃，也要調整心態。

光棍節與各都市族群退休計劃

每年的11月11日，被內地網民和消費者稱為「光棍節」，光棍本來是一個人、單身一族的意思，源起於單身男女交友聚會的日子，但是被購物網用作宣傳狂歡購物的節日，變成盡情消費的代名詞，這可能與光棍最終把錢買光花光也有關係吧。2014年11月11日一天單是淘寶的營業額已達570億元人民幣，所以這不是鬧着玩的事兒，所涉及的包括大小實體和網上商店、行銷宣傳、支付系統、倉儲物流、售後服務等等。

光棍節與退休、投資似乎互不相干，但又不盡然，投資方面就有股評家推介一些受益於光棍節消費的行業，例如零售、科網和物流相關公司，這些股票表現如何就要留待股民判斷。退休方面，光棍若是純粹指單身一族的話，退休計劃則可按個人退休生活需要、現時收入、風險承擔能力、距離退休年齡等等考慮。但如果光棍是無節制的消費者，則要檢討這習慣，作出思想和行為上的改變，才可作有效的退休計劃。除了光棍外，還有一些都市「族人」的退休計劃都可能出現問題：

1）積極的月光族

每月把人工花光沒餘沒剩的叫「月光族」，當然每個月不節制消費，花掉全部收入不應鼓勵，但是如果每月收入有限，入不敷支，可檢討生活習慣和作職業生涯規劃，如考慮進修增值或轉行增加收入。如果是消費習慣問題，則應考慮節約，或有計劃地將部分薪金先扣起來，用作投資或儲蓄，把剩餘的用作花費，就算是「月光」，都是個積極的月光族。

2）脫離啃老族

廣東話有一句叫「光棍佬教仔，便宜莫貪」，子女不貪別人的便宜是誠實的美德，但如果子女過分依賴父母，有能力工作或獨立生活但仍衣食住行都靠父母供給，就變成「啃老族」。他們有些不願工作，有些可能有工作但花費多於收入，所以仍要依賴父母，長此下去不但沒法獨立維生，到父母退休沒能力供應他們時，就出現經濟危機。就算父母有經濟條件都不應溺愛子女。成年子女當然可與父母同住，但同住與否子女都應該每月給予父母合理家用，一來作為孝敬，二來是反映個人理財及經濟能力，為將來生活作更務實打算。

3）窮忙族與中產陷阱

「窮忙族」又稱「薪貧族」指沒時間又沒有錢的一群打工仔，本來描述一班人工低工時長，終日營營役役，沒有個人作息空間的在職貧窮人士。他們的退休計劃可能只有依賴微薄的強積金供款，由於低收入，平日沒有積蓄更沒有投資。然而，筆者認識不少中產專業人士，收入不錯也是經常奔波勞碌，有時更通宵達旦工作，他們也自稱為窮忙一族。他們的生活雖不算奢華，屬於典型中產消費，例如租住港島區的中產屋苑，平日食用和衣著都是有名氣中上級別的品牌，年中放假出國外遊不是日本便是歐美，而且都有些投資。筆者同意他們是忙但並不窮，對他們的生活也沒有意見，畢竟每人的人生價值和能力不同，追求理想生活是進步的動力，也是香港可貴的自由，重點是過自己有能力負擔的生活，迴避收入與階級生活不相稱的陷阱。

4）病態購物狂

若是愛好購物從中得到歡愉樂趣，一方面個人得到滿足，另一方面促進社會經濟，並沒有什麼問題，還值得欣喜。另外，像光棍節或聖誕節偶爾狂歡一下，給自己的辛勞作點補償或激勵也未嘗不可。但是如果發現行為失控，胡亂託詞給自己購物藉口，買了很多用不着的東西，甚至有強迫症般的購物，或沉溺性購物就要留意，要及早找專家傾談。病態購物與過度消費並不等同，但相通的地方是都會濫用信用卡掛賬或借貸消費，他們不但不能計劃退休，為將來生活打算，就是每個月的收支都不能平衡，支出經常超出自己財務能力，最終是經濟拮据，甚至破產收場。

購物消費能滿足生理心理需要，也是一種生活享受和風格，相比起購物消費的即時滿足，退休計劃供款要滿足的是遠至數十年後的需要，往往令人覺得不實在，但是不作遠慮只顧當下快樂，老來發現沒有預備，可能過得更艱難。理想的是我們能做到享受物質而不為物質所控制，即是莊子所說的「物物而不物於物」的意思吧。

寫封信給65歲的自己

親愛的，

我是你25歲的自己，寫信給你想知道你的退休生活過得如何。時間過得飛快，我真的很好奇現在的你是什麼狀況。

首先，我想問問你是否已經退休了？或是你還在工作，追求着自己的事業？或者在發展你的第二事業？還是像我現時常常想做義工但沒有時間做的，希望退休可以做些義務工作？我在25歲時就開始夢想着早日退休，過上自由自在的生活，但我也明白這需要長期的準備和努力。所以，我想知道這些年來的計劃是否足夠，讓你實現了自己的人生理想和退休目標。

當我寫下這封信的時候，我希望你已經實現了提早退休的夢想，享受着自由和富足的生活。我希望你能夠和伴侶追求大家的興趣和熱愛的事物，無論是旅遊、學習新知識還是做義務工作。我希望你和家人能夠充實、有意義地過每一天，擁有屬於自己的幸福。

但是，我也知道人生總是充滿不確定性。也許你仍然在工作，為自己的事業而努力並已有一定的成就，希望繼續工作是出於你自願的選擇而不是因為生活所迫。也許你遇到了一些意外的困難，阻礙了你退休的計劃，而我早年開始的預備，例如醫療保險、自願性供款、長期的投資和購買年金可以幫助你渡過這些困難。而我現在雖然工作時間長間中又要熬夜，但都盡量保持定期做運動和健康的飲食習慣，並以積極的心態，面對挑戰，希望你在這40年間也仍然能夠堅持健康生活並找到自己的幸福和意義。

退休不會是一個終點，而是一個新的開始。在退休後繼續自己想過的生活，這可能與一般大眾做法不同，但我相信及早的準備會有豐富的回報。最後，我希望你和家人現在過得幸福、健康且充實。無論你的退休計劃是否實現，我相信你已經為自己的未來做出了最好的努力。請繼續照顧好自己和家人，享受每一天的美好。

祝身體健康生活幸福美滿。

你25歲的自己

回一封信給 25歲的自己

寫了一封信給65歲的自己，本來想以65歲的身份回一封信，但因為可能的情景太多，例如多謝年輕的自己的付出和準備、又或者埋怨年輕的自己沒有作足夠的預算，又或者人生中途有變而改變了計劃，在眾多可能性之下很難以一篇文章來回應，所以不如與讀者們互動，以下留白的空間，由讀者自己寫封信給年輕的自己。方法可以是：

- 讀者可以想像一下自己65歲時，你當時會過怎樣的生活？這種生活要做什麼準備？
- 如果要寫一封穿越時空的信給25歲的自己，你最想提醒他的是什麼？

這練習沒有對錯、好壞之分，想大家思考，也不用太嚴肅，輕鬆地了解一下。

親愛的 25 歲的自己....

5.9

遺產、遺囑與遺願

退休計劃不單止考慮如何累積退休資金或怎樣過消閒生活，還要解決一些必要處理的問題。人生不免要面對生老病死，而死亡是很多人的忌諱，不願去想也不願去說，例如遺囑要婉轉的說成平安紙。有些人愈是年長，就愈不願去提及身後的安排，但這始終是不能避免，特別是對自己的遺產在如何分配和使用上有一定的意願，最好是理性地及早作出安排，否則麻煩了後人甚至令後人之間產生矛盾。至於遺願，不妨換個角度看，或者變成認識自我的另一個可能。

遺產是人在離世後留給後人的一份禮物。當談到遺產時，通常想到的是房屋物業或現金財產，其實遺產不僅僅指的是物質財富，而是包括知識、智慧、價值觀和精神的傳承，例如是成功的企業家，想把自己或祖輩建立的事業、經營理念和價值觀持續下去，就可能成立信託或家族辦公室，又或者是工匠大師把自己的手藝秘訣傳授給合適人選等等。

然而不是每個人都需要或有能力成立信託或家族辦公室，最常用的是訂立一份遺囑，既可以將遺產根據自己的意願有序地分配給親人、朋友或慈善機構，又可以減低了引起紛爭的機會。而且一般內容不複雜的遺囑可以自行草擬，但都建議花些少錢由律師代勞。

如果先人未立遺囑，後人就要去香港高等法院辦理遺產管理和委任管理人，法院按《無遺囑者遺產條例》的規定去分配遺產給後人。如果先人有訂立遺囑的話，過身後，也需要後人去高等法院辦理遺囑認證。兩者的分別在於一般沒有爭議的情況下，有遺囑的處理較簡單和需要時間較短，也可以按遺囑的意願去分配遺產，所以任何退休計劃都應該要考慮如何處理遺產。

遺願則是較為「有趣」和值得思考的話題，西方有所謂 bucket list 願望清單也有人譯作遺願。在2007年有一齣由著名演員積・尼高遜與摩根・費曼演出名為*Bucket List*、香港譯作《玩轉身前事》的電影，講述兩名患了末期癌症的病人，一個是億萬富翁另一個是汽車維修員在醫院病房遇上，由最初的彼此討厭到共同寫一張願望清單，一起參與一些在死前想做的事，例如是跳傘、登上喜瑪拉雅山等，之後雙方發生爭執但最終都在剩餘的日子裏認識到自己最珍惜的事和彼此完成清單中的願望。

所以不用自我限制遺願一定是要在生命終結後、有重病、人生最後一刻才有的期望，或先人對後人的一些指示和囑咐的説話。而可以藉着願望清單認清個人的價值觀、人生的追求，並且不一定是留在退休時做，趁自己有健康身體和魄力時做更好。

戲中有段對白「人死後靈魂會來到天堂門口，然後會被問兩條問題：一，你在生命中有快樂過嗎？二，你有否為別人帶來過快樂？」似乎是很有哲理，但深思一下，這兩問題過於強調快樂主義，但如果加上「你在生命中有否為別人帶來痛苦？你在生命中有否為別人解除痛苦？」就好似較為完整和重視對己對人的責任。當然這些都是價值觀的問題，是很個人的。每個人都可擁有獨特的故事和價值觀，通過遺囑和遺願的方式傳承下去。

遺產、遺囑和遺願是一個人生命中非常重要又容易在壯年時忽略的事項。它們不僅關乎個人的財富分配，更關乎價值觀的傳承和生命意義的延續、對於生命的總結和回顧，也是對於未來的嚮往和期望。讓人們意識到生命的有限和價值，同時也提醒要珍惜當下，活出自己真正的價值。

作　　者　林冠良
編　　輯　劉在名
設　　計　彭樂敏　葉家聰
文字協力　張錦文
出版經理　黃詠茵　李海潮
圖　　片　iStock
圖　　表　信報出版社有限公司

出　　版　信報出版社有限公司　HKEJ Publishing Limited
香港九龍觀塘勵業街11號聯僑廣場地下
電　　話　(852) 2856 7567
傳　　真　(852) 2579 1912
電　　郵　books@hkej.com

發　　行　春華發行代理有限公司　Spring Sino Limited
香港九龍觀塘海濱道171號申新証券大廈8樓
電　　話　(852) 2775 0388
傳　　真　(852) 2690 3898
電　　郵　admin@springsino.com.hk

台灣地區總經銷商
永盈出版行銷有限公司
台灣新北市新店區中正路499號4樓
電　　話　(886) 2 2218 0701
傳　　真　(886) 2 2218 0704

承　　印　美雅印刷製本有限公司
九龍觀塘榮業街6號海濱工業大廈4字樓A室

出版日期　2024年5月　初版

國際書號　978-988-76644-8-2
定　　價　港幣168 / 新台幣840
圖書分類　金融理財、工商管理